Beitrag zur Beurteilung der Lehren Machs

Inaugural-Dissertation zur Erlangung der Doktorwürde

Robert Musil

Alpha Editions

This edition published in 2022

ISBN : 9789356710610

Design and Setting By
Alpha Editions
www.alphaedis.com
Email - info@alphaedis.com

Contents

Einleitung.
1. Stellung der Aufgabe.

Das Wort des Naturforschers wiegt schwer, wo immer heute erkenntnistheoretische oder metaphysische Fragen von einer exakten Philosophie geprüft werden. Die Zeiten sind vorbei, wo das Bild der Welt in Urzeugung dem Haupte des Philosophen entsprang. Die Philosophie sucht heute ihr Verhältnis zu der in so weitem Bereiche aufgedeckten Gesetzlichkeit der Natur, ihre Stellungnahme zu dem alten Suchen nach einer richtigen Fassung des Substanzbegriffes und des Begriffs der Kausalität, zu den Beziehungen zwischen Psychischem und Physischem usw. mit Berücksichtigung aller Mittel und Ergebnisse der exakten Forschung neu zu gestalten.

Man kann daraus ermessen, was es bedeutet, wenn nun gerade ein Naturforscher mit der Behauptung auftritt, daß in diesem Streben nach philosophischer Orientierung – (wenigstens in der Gestalt, die es meistens annimmt) – trotz seines Anschlusses an die Naturwissenschaft fast ebenso viele Verkehrtheiten wie philosophische Fragestellungen liegen, und dies ungefähr durch folgende Thesen erhärtet, die eine Wand zwischen der Naturwissenschaft aufzurichten streben, welche die Philosophen meist ihren Untersuchungen zugrunde legen, und der Naturwissenschaft, die wirklich existiert.

1. Alle Naturwissenschaft beschreibt bloß das Geschehene, statt es zu erklären. Zumal sind Naturgesetze nichts weiter als tabellarische Beschreibungen der Tatsachen bezw. mathematische Symbole, die solchen Tabellen äquivalent sind, und naturwissenschaftliche Theorien nichts als Zusammenhänge, in die wir solche Tabellen untereinander setzen; unter dem Gesichtspunkt der Erklärung nichts als umfassendere Unverständlichkeiten anstelle speziellerer. Weder das einzelne Gesetz noch die Theorie sagt mehr als auch die Kenntnis der zugrundeliegenden Erfahrungen für sich schon sagen würde.

2. Wie es überhaupt keine Erklärungen gibt, so gibt es insbesondere keine kausalen. Gäbe es selbst kausale Zusammenhänge, so würde man mit ihrer Hilfe bestenfalls doch nur eine Verkettung der Ereignisse konstatieren, ohne in die Gründe dieser Verkettung blicken zu können. Ueberdies zeigt aber die exakte Naturforschung, daß es selbst kausale Zusammenhänge nicht gibt. Das Suchen nach solchen war in früheren Entwicklungsstadien der Naturwissenschaft aufgenötigt worden, heute hat sie sich bis auf wertlose und hinderliche Reste davon frei gemacht. Ihr wirkliches Ziel ist die Aufstellung funktionaler Beziehungen, welche nicht eine Tatsache als die

Ursache einer anderen hinstellen, sondern lediglich die Berechnung einer Tatsache aus einer anderen gestatten, welches Verhältnis durchaus umkehrbar ist.

3. Mit der Kausalität fällt auch ein wesentlicher Teil der Bedeutung der Ding- bezw. Substanzbegriffe dahin, und die philosophische Hoffnung, aus Substanzbegriffen vermittelst der kausalen Beziehungen zwischen den Dingen die Welt der Erfahrung aufzuklären, wird durch den Wegfall der Kausalrelation gewissermaßen mitten entzwei geschnitten.

Aber auch an und für sich sind die Substanzbegriffe der Vernichtung verfallen. Denn was sich von Substanzen aussagen ließe, wäre nur ihr gesetzliches Verhalten; die Gesetze, die dieses ausdrücken sollen, haben sich aber zu lediglich funktionalen Beschreibungen entwickelt, zu dem Ausdruck viel allgemeinerer Beziehungen, aus denen die Substanzbegriffe wie gegenstandslos gewordene Zwischensubstitutionen ausgefallen sind.

4. Indem so die Wissenschaft sich von den früher in ihr gesuchten Zielen abgewendet hat, entbehrt sie doch keineswegs letzter Gesichtspunkte. Alles bisherige wird verständlich und alle falschen Voraussetzungen schwinden, sobald man in der Wissenschaft nicht mehr als ein im Kampf ums Dasein notwendig gewordenes Mittel zur Beherrschung der Tatsachen sieht, d. h. sie dem Entwicklungsgedanken unterstellt. Alle ihre Gesetze, Begriffe und Theorien erscheinen dann als ökonomische Hilfsmittel, uns mit unserer Umgebung in ein praktisch hinreichendes Verhältnis zu setzen. Versteht man diesen ihren Zweck, so versteht man alles, was es an ihrer Existenz überhaupt zu verstehen gibt.

5. Diese Auffassung leistet überdies unschätzbare Dienste, indem sie das verzweifelte Problem des Verhältnisses zwischen Psychischem und Physischem als sinnlos ergibt. Die Vorstellungen von einer Welt der Körper und einer geistigen Welt sind instinktiv entstanden und sind für eine primitive Orientierung auch von praktischem Werte. Als wissenschaftliche Vorstellungen darf man sie aber nicht höher bewerten als andere und darf ihren Zweck nur in ihrer Eignung zu ökonomischer Orientierung suchen. Erfüllen sie diesen nicht mehr, wie jetzt, wo sie zu dem Stande der Wissenschaft nicht mehr passen und so zu einer Quelle der Verwirrungen werden, ist es eine methodische Forderung, sie fallen zu lassen.

6. Dies wird durch die Erkenntnis ermöglicht, daß die funktionalen Beziehungen, die den Gleichungen der Naturwissenschaft zugrunde liegen, ohnedies schon Beziehungen zwischen Empfindungen seien, oder wie Mach dies, um jeden dualistischen Anklang zu vermeiden, nennt, zwischen Elementen.

Ein Zusammenhang von Elementen, wie Rot, Grün, Druck, Bewegung, liegt unseren Vorstellungen von Körpern zugrunde, und nur ein anderer, weit präziserer und fruchtbarerer, aber zwischen prinzipiell ebensolchen Elementen bestehender Zusammenhang ist es, der durch die Naturgesetze ausgedrückt wird.

Unsere wissenschaftliche Orientierung in der Außenwelt besteht also in nichts anderem als in dem Aufsuchen von Gleichungen zwischen Elementen. Dies ist somit das aus der hochentwickelten Physik abstrahierte Ideal der Erkenntnis.

Dann kann aber auch die Psychologie, soferne sie wissenschaftliche Festigkeit anstrebt, nur nach der Aufstellung funktionaler Beziehungen trachten, und ihr Substanzbegriff, das Ich, die Seele, fällt dabei ebenso für die wissenschaftliche Bearbeitung weg, wie es mit dem Begriff einer physischen Substanz geschah. Nun sieht Mach als die psychischen Grund-Elemente, in deren funktionaler Abhängigkeit voneinander das wissenschaftliche Bild des Seelenlebens erfaßt wird, die Empfindungen an. Empfindungen waren aber auch die Elemente des physischen Geschehens: also zeigt sich, daß Physik und Psychologie ein und dasselbe Objekt haben.

Das überhaupt Gegebene sind somit Elemente in mannigfachen Zusammenhängen; indem man auf bestimmte dieser Zusammenhänge achtet, treibt man Physik, indem man auf andere achtet, Psychologie, – das ist aber lediglich ein Unterschied in der Betrachtungsweise, und ein solcher bringt so wenig eine Kluft zwischen Physischem und Psychischem mit sich, wie etwa eine Kluft zwischen den Reaktionen eines Gases besteht, wenn sie sich, je nach dem beachteten Zusammenhange, bald durch das Boyle'sche, bald durch das Mariotte-Gay-Lussac'sche Gesetz ausdrücken lassen.

Auf diesem Punkte hört für eine zu voller geistiger Freiheit gelangte und kritisch scharfe Methodologie der Dualismus auf, als Problem zu existieren, und alle seine Schwierigkeiten erweisen sich als Folgen des unberechtigten Festhaltens an einer primitiven, überholten Fragestellung.

Wir haben hiermit in freier Wiedergabe die bezeichnendsten Leitsätze aus den Schriften des Physikers Ernst Mach dargestellt. Man sieht schon aus dieser vorläufigen Zusammenstellung, daß einzelne Bestandteile dieser Lehre nicht neu sind. Sie finden ihre Verwandtschaft in älteren Schriften sensualistischer und positivistischer Richtung, zumal in den Arbeiten von Condillac und Comte, und bei der Behandlung des Kausal- und Substanzproblems wird man an den Einfluß von Hume erinnert. Das Kennzeichnendste, der Schlüssel zu dem Uebrigen und zugleich das der historischen Situation nach Irritierendste ist aber die, sich auf die genauere Einheit berufende, starke Betonung des methodologischen Standpunktes und die damit zusammenhängende Behauptung, daß Mach mit allen seinen

Konsequenzen, so einschneidend sie sind, rein und lediglich auf dem gesicherten Boden der exakten Naturwissenschaft bleibe: „Ich wünsche nur in der Physik einen Standpunkt einzunehmen, den man nicht sofort verlassen muß, wenn man in das Gebiet einer anderen Wissenschaft hinüber blickt",[1] heißt es an einer Stelle.

Nun ist ja auch diese Berufung auf die Naturwissenschaft sowohl wie die Beschränkung der Erkenntnis auf den Zusammenhang der „Erscheinungen" ein Charakteristikum der positivistischen Philosophie seit Comtes Tagen. Aber teils schon zur Zeit, als Comtes Hauptwerk erschien (1830—42), teils wenig später, wirkten Faraday, R. Mayer, Joule, Rankine, Clausius, W. Thomson, Krönig, Grassmann, Redtenbacher u. a., deren Ziel ein ganz anderes als das von Comte gesteckte war, und auch heute scheint die Mehrzahl der Physiker nicht vom Positivismus durchdrungen zu sein. (Ein Beweis hierfür ist der Widerstand, den Machs Ansichten gerade auch in diesen Kreisen fanden.) So blieb der Positivismus trotz gelegentlicher Exkurse stets eine mehr philosophische Angelegenheit, und die erkenntnistheoretische Erörterung des Verhältnisses von Subjekt und Objekt blieb seine Hauptfrage, die Verwerfung alles Extramentalen seine Grundposition bis auf Avenarius, Laas, Schuppe, Rehmke und die anderen gleichgerichteten Forscher unserer Tage.

Dadurch aber ist unser Interesse an Mach bestimmt. Denn er, heute wohl der Vertreter des Positivismus, der in die breitesten Kreise wirkt, ist zugleich derjenige, der wirklich (und zwar als Forscher von Bedeutung) von der Naturwissenschaft herkommt, und der – ein Alleingänger (denn das Fühlungsuchen mit der geistigen Verwandtschaft ist spät und spärlich in seinen Werken), dem die Anregungen zu seinen Gedanken hauptsächlich aus seiner Spezialwissenschaft erwachsen sind, – als der erste mit der Behauptung Ernst machte, daß seine (positivistischen) Ueberzeugungen nur durch Uebertragung der in der Naturwissenschaft bewährten Anschauungen gewonnen und nichts als ein Ergebnis der Entwicklung der exakten Forschung seien. Damit löst Mach in seiner Person das ein, was vor ihm, mehr oder weniger, nur behauptet wurde, und gibt dadurch Gelegenheit, dieses blendendste und lockendste Versprechen des Positivismus, daß nämlich nur die Rückständigkeit der Philosophen verkenne, wie sehr die exakte, fruchtbare Wissenschaft längst schon in den Bahnen der positivistischen Philosophie gehe, auf seine Haltbarkeit zu prüfen.

Es wird also unsere Aufgabe sein, uns zu überzeugen, ob Mach zu seinen Behauptungen tatsächlich in logischer Folge von einer richtigen oder wenigstens widerspruchslosen Auffassung der Naturwissenschaft aus gelangt. Dadurch wird gleichzeitig die beunruhigende Erscheinung aufgeklärt, daß ein Naturforscher der an der Naturwissenschaft Halt suchenden gegenwärtigen Philosophie so gänzlich abweisend entgegentritt, daß er mit Bezugnahme auf deren wichtigste Positionen sagen kann: „Ihre (vorliegender Schrift) Tendenz ist vielmehr eine aufklärende oder, um es noch deutlicher zu sagen, eine antimetaphysische“[2] und: „Ich habe getrachtet, eine alte, abgestandene Philosophie aus der Naturwissenschaft zu entfernen“[3].

Eines besonderen Umstandes ist noch zu erwähnen: Machs erkenntnistheoretische und selbst die eigentlichen metaphysischen Ausführungen sind in seinen Schriften nicht in strengem methodischen Gefüge gegeben, sondern tragen einen aphoristischen Charakter und sind mitunter, wie in den Schriften über Mechanik und Wärmelehre, auch bloß gelegentlich eingestreut. Daraus erwächst in erster Linie die Forderung einer systematischen Herauslösung und Zusammenfassung der zu einander gehörenden Gedanken, und ich möchte betonen, daß ich damit auch schon das wesentlichste unserer eigentlichen Aufgabe für geleistet erachte, da ja dann die Begründungszusammenhänge offen liegen und einen ganz anderen Einblick in ihre Tragfähigkeit gestatten, als es möglich ist, solange die einzelnen Gedanken, von einander isoliert, das gewissermaßen verantwortungslose Leben des Aphorismus führen.

Ein anderes Ziel aber als dieses einer möglichst genauen Einsicht in die innere Festigkeit der Machschen Darlegungen wird hier nicht angestrebt. Wollte man statt der Stringenz ihrer Begründung die Richtigkeit der Resultate selbst erwägen, so wäre dazu eine erkenntnistheoretische Arbeit auf weit umfassenderer Grundlage nötig. Zu einer solchen soll diese Schrift nur ein Beitrag sein, der sich nach Tunlichkeit aller Stellungnahme dort enthält, wo eine solche die Begründung durch persönliche Ansichten erfordern würde, und sich darauf beschränkt, in immanenter Kritik nachzuweisen, daß in den Darlegungen Machs, trotz ihrer zahlreichen Vorzüge, doch so viele Widersprüche oder wenigstens Unklarheiten enthalten sind, daß es nicht möglich ist, ihnen eine entscheidende Bedeutung zuzuerkennen.

2. Die erkenntnispsychologische und ökonomische Betrachtungsweise.

Der aphoristische Charakter von Machs Schriften bringt mit sich, daß manche seiner Aussprüche, je nach dem Zusammenhang, in den man sie stellt, verschieden zu beurteilen sind, so daß manchmal dieselben Aeußerungen unter verschiedenen Gesichtspunkten analysiert werden müssen.

Wir beginnen mit dem in der Einleitung unter 4) erwähnten Gesichtspunkte Machs, die Wissenschaft als eine Erscheinung ökonomischer Anpassung anzusehen, welcher Gesichtspunkt überdies eng mit einer erkenntnispsychologischen Betrachtungsweise zusammenhängt.

Diese Art, die Erkenntnis zu betrachten, ist wichtig; sie gibt Machs Ausführungen gewissermaßen von vornherein einen scharfen Reiz; sie berührt sich auch mit bekannten skeptischen Strömungen der neueren Zeit und ist durch all dies geeignet, zu allererst den Blick auf sich zu ziehen und festzuhalten. Es ist daher für uns von Wichtigkeit, festzustellen, ob ihre erkenntnistheoretische Bedeutung dem entspricht, und ich glaube, es läßt sich ohne weiteres sehen, daß dies nicht der Fall ist. Man kann dann sehr wohl mit großem Interesse Machs eigentümliche, plastische und belebende Art, das Werden und Wesen der Naturwissenschaft zu betrachten, verfolgen, ohne sich versucht zu fühlen, anzunehmen, daß mit dieser Auffassung schon irgendwie gegen die Ergebnisse der von Mach bekämpften Erkenntnistheorie und Metaphysik entschieden sei; mit anderen Worten: die Erfolge einer biologisch-psychologischen Betrachtungsweise beweisen gar nichts für das Uebrige.

Grundlegend für diese Betrachtungsweise ist die Annahme, – eben die wir noch in weiteren Zusammenhängen untersuchen werden, – daß nur die Kenntnis der Tatsachen für den Physiker Wert habe, daß sie das wesentliche Ziel seiner Wissenschaft ausmache und alles übrige nur ein intellektueller Umweg zu ihrer Gewinnung und Darstellung sei.[4] So heißt es: „Wenn uns alle einzelnen Tatsachen unmittelbar zugänglich wären, so wie wir nach der Kenntnis derselben verlangen, so wäre nie eine Wissenschaft entstanden. Nur weil das Gedächtnis des Einzelnen ein beschränktes ist, muß das Material geordnet werden."[5] Diese Ordnung ist das Ziel der Wissenschaft.[6] Ursprünglich ist dieses Ziel rein praktisch im Laufe der Entwicklung erwachsen dann auch spezifisch theoretische Interessen, doch lassen auch sie sich auf praktische reduzieren und als ein bloßer Umweg zu deren Erreichung auffassen. „Wir können jedes wissenschaftliche Interesse als ein mittelbares biologisches Interesse auffassen", heißt es an einer anderen Stelle.[7]

Dieses starke Betonen der praktischen Aufgabe der Wissenschaft ergibt sich dabei als eine direkte Folge dessen, daß Mach die Wissenschaft, wie überhaupt die ganze Tätigkeit des Menschen, unter den Gesichtspunkt der Selbsterhaltung[8] stellt, nicht anders wie die des niedersten Organismus: „Die gesamten Lebensvorgänge des Individuums sind Reaktionen im Interesse der Lebenserhaltung, und die Wandlungen im Vorstellungsleben sind nur ein Teil der ersteren."[9] Wendet man aber einmal den allgemeinen Entwicklungsgedanken auf die Wissenschaft an,[10] so folgt daraus von selbst, daß die Wissenschaft unter die Gesichtspunkte der Kontinuität und der Oekonomie gehört, da diese beiden ja integrierende Bestandteile der Entwicklungslehre sind; andererseits ist die Anwendbarkeit dieser Gesichtspunkte auf das Denken selbst wieder rückwirkend ein Beweis für die Berechtigung, die Entwicklungslehre hier hereinzuziehen.

Was das erstere betrifft, ist es für die Entwicklungslehre charakteristisch, daß sie die Eigenschaften und Reaktionen der Lebewesen aus einer selektiven Anpassung an die Vorgänge in der Umgebungswelt heraus zu begreifen sucht. Dabei erweist es sich als eine Erfahrungstatsache, daß diese Anpassung kontinuierlich und ökonomisch erfolgt, d. h. daß einmal vorhandene Eigenschaften unter neuen Lebensbedingungen nicht einfach abgeworfen und durch andere ersetzt werden, sondern vielmehr einer allmählichen Umbildung unterliegen, welche sich zudem, ökonomischer Weise, nicht weiter erstreckt, als unbedingt nötig ist.[11] Was aber das Zweite betrifft, so ist zu sagen, daß Machs Arbeit fast in ihrer Gesamtheit gerade dafür einen Nachweis zu liefern trachtet, daß diese zuletzt entwickelten Konsequenzen der Entwicklungslehre sich bei Betrachtung des wissenschaftlichen Denkens und seines Werdens tatsächlich erfüllt finden.

Das Wichtigste lautet zusammengefaßt:

1. Das Bewußtseinsleben hat schon seiner Entstehung nach die Rolle eines ökonomischen Instruments: Fordert nämlich die Selbsterhaltung die Anpassung der Reaktionen eines Lebewesens an die Vorgänge der Außenwelt, so kommt es bei einer gewissen Kompliziertheit der Lebensbedingungen dahin, daß die Mannigfaltigkeit des Tatsächlichen weit größer wird, als die Zahl der biologisch wichtigen Reaktionen, so daß ohne Berücksichtigung noch bestehender Unterschiede auf eine ganze Gruppe bloß verwandter Tatsachen in einer Weise reagiert wird; reicht diese undifferenzierte Reaktion für die praktischen Bedürfnisse eben noch hin, so trägt der ganze Vorgang den Charakter der Sparsamkeit und Oekonomie. Dem Bilde dieses Vorganges entsprechen aber die ersten Anfänge des Begriffslebens. Es beginnt damit, daß die Tatsachen „gleicher Reaktion" unter eine Vorstellung gefaßt werden, mit einem Zeichen verknüpft werden, wobei das Bewußtsein den Typus eines nicht sehr vollkommenen

physikalischen Apparates trägt, der auf die Vorgänge der Außenwelt nur in einem beschränkten Spielraum und nach wenigen Richtungen antwortet.[12]

2. Das Bewußtsein trägt auch seiner weiteren Funktion nach den Charakter eines ökonomischen Instruments: denn hat es einmal einen gewissen Bestand an Vorstellungen erworben und treten ihm dann neue Tatsachen entgegen, so bildet es nicht auch neue Vorstellungen aus, sondern paßt die bereits vorhandenen den neuen Aufgaben an. Und zwar bildet es sie dabei mit einem möglichst geringen Aufwande um, indem es die ursprünglichen Gedanken auch weiterhin festhält und nur um ein Mindestmaß modifiziert, so viel gerade nötig ist, um auch den neuen Anforderungen gerecht zu werden. Ein solches Verhalten nennt Mach dem Prinzip der Kontinuität oder auch der Permanenz und zureichenden Differenzierung entsprechend.[13]

Dabei unterscheidet Mach: a) die Anpassung der Gedanken an die Tatsachen, von der bisher die Rede war; er spricht von ihr speziell als von einem Abbilden und Vorbilden der Tatsachen in Gedanken. Denn diese ermöglicht uns erst die hinreichende Anpassung, das erhaltungsgemäße Verhältnis zur Umgebung; „um uns mit unserer Umgebung in irgend ein Verhältnis zu setzen, bedürfen wir eben eines Weltbildes," sagt Mach.[14] b) Die Anpassung der Gedanken aneinander: „Die Vorstellungen passen sich zwar den Tatsachen so an, daß sie ein den biologischen Bedürfnissen entsprechendes, hinreichend genaues Abbild der ersteren darstellen,"[15] aber „natürlich reicht die Genauigkeit der Abbildung nicht weiter als die augenblicklichen Interessen und Umstände es forderten, unter welchen dieselbe stattfand. Da aber diese Interessen und Umstände von Fall zu Fall wechseln, so stimmen die Anpassungsergebnisse verschiedener Umstände nicht genau untereinander überein. Das biologische Interesse treibt nun wieder zur Korrektur verschiedener Abbildungsergebnisse durcheinander, zu dem bestmöglichsten Ausgleich der Abweichungen."[16] Anpassung der Gedanken aneinander ist also die weitere Aufgabe, welche das Denken zu seiner vollen Befriedigung lösen muß, und auch, „diese Forderung wird erfüllt durch Vereinigung des Prinzips der Permanenz mit jenem der zureichenden Differenzierung der Vorstellungen."[17]

3. Ist das bisher skizzierte Verhalten im allgemeinen der Typus des menschlichen Denkens, so muß daraus schon die Anwendbarkeit der Prinzipien der Oekonomie und der Kontinuität auch auf die Wissenschaft folgen. Trotzdem wird Mach nicht müde, gerade diesen wichtigsten Punkt durch immer wiederholte Hinweise zu stützen, von denen wir einige charakteristische Beispiele wiedergeben wollen.

a) Auch das wissenschaftliche Denken zeigt den Typus der Oekonomie und der Kontinuität. So denkt sich Newton die Planeten als geworfene

Körper und modifiziert bloß die konstante Schwere zur von der Entfernung abhängigen Gravitation;[18] Fourier bildet eine Theorie der Wärmeströmung aus, indem er eine Theorie der Saitenschwingungen für seine Zwecke modifiziert; seiner Theorie wird dann eine Theorie der Diffusion nachgebildet usw.[19] So hatte man die Vorstellung einer geradlinigen Fortpflanzung des Lichtes angenommen, als man die Beugung und Brechung entdeckte; man hielt die ursprüngliche Vorstellung fest und erweiterte sie durch die Annahme eines Brechungsexponenten; diese wiederum mußte man durch die Annahme besondern, daß für jede Farbe ein eigner Brechungsexponent nötig sei. So wußte man, daß Licht zu Licht gefügt die Helligkeit vergrößere, als man plötzlich einen Fall der Verdunkelung bemerkte usw. „Schließlich erkennt man aber in der überwältigenden Mannigfaltigkeit der Lichterscheinungen überall die Tatsache der räumlichen und zeitlichen Periodizität des Lichtes und dessen von dem Stoffe und der Periode abhängige Fortpflanzungsgeschwindigkeit. Dieses Ziel, ein Gebiet mit dem geringsten Aufwand zu überschauen und alle Tatsachen durch einen Gedankenprozeß nachzubilden, kann mit vollem Recht ein ökonomisches genannt werden."[20] Ueberhaupt entspricht das wissenschaftliche Fortschreiten durch Hypothesenbildung in seiner Gesamtheit dem Typus der Kontinuität und ist ökonomisch. Denn Hypothesen werden zunächst immer aus dem augenblicklichen Vorrat an bekannten Erfahrungen hergenommen, ihre deduktiven Folgen werden dann mit der neuen Tatsache verglichen und endlich wird die Hypothese dem Ergebnis dieses Vergleiches entsprechend modifiziert.[21]

b) Alle Hilfsmittel der Naturforschung dienen ihrer Oekonomie. Vor allem die mathematischen, deren Fruchtbarkeit „auf der größten Sparsamkeit der Denkoperationen" beruht.[22] Aber auch alle heuristischen Methoden. Ihre Grundmethode ist die der Veränderung.[23] „Die Methode der Veränderung führt uns gleichartige Fälle von Tatsachen vor, welche teilweise gemeinschaftliche, teilweise verschiedene Bestandteile enthalten. Nur bei der Vergleichung verschiedener Fälle der Lichtbrechung mit wechselnden Einfallswinkeln kann das Gemeinsame, die Konstanz des Brechungsexponenten hervortreten, und nur bei Vergleichung der Brechung verschiedener Farben kann auch der Unterschied, die Ungleichheit der Brechungsexponenten die Aufmerksamkeit auf sich ziehen. Die durch die Veränderung bedingte Vergleichung leitet die Aufmerksamkeit zu den höchsten Abstraktionen und zu den feinsten Distinktionen zugleich."[24] Dadurch, daß die Vergleichung[25] den Kern alles induktiven Verfahrens[26], zumal den des Experimentes bildet, arbeitet diese ganze Methodik auf Kontinuität hin, denn die Vergleichung bezweckt ja nur, das Neue als aus den, eventuell modifizierten, Bestandteilen des Alten bestehend zu erkennen, und ist in demselben Sinne ökonomisch, wie er von der Hypothesenbildung vorhin konstatiert wurde.

c) Die Resultate der Naturforschung, Begriff, Gesetz, Theorie, entsprechen der Oekonomie und der Kontinuität. – Naturgesetze haben die ökonomische Aufgabe, die Kenntnis bloßer Einzeltatsachen zu ersparen.[27] Diese müßte man sich in jedem individuellen Falle merken, das Gesetz verknüpft typische Fälle durch einen Gedanken. Wenn gewisse Bedingungen gegeben sind, ist die Erwartung durch das Gesetz geregelt und eingeschränkt[28], das Gesetz fungiert als ein Schema, in das man nur die speziellen Bedingungen einzusetzen braucht; indem man ein Gesetz als den Spezialfall eines allgemeineren Gesetzes erkennt, ersetzt man ein Schema durch ein noch umfassenderes;[29] indem man sich nur ein solches zu merken braucht, ist das Gedächtnis entlastet und hat eine Anweisung, die ganze Mannigfaltigkeit speziellerer Gesetze und einzelner Tatsachen daraus abzuleiten. Und was vom Gesetze gesagt ist, gilt auch vom Begriff. Der naturwissenschaftlich präzisierte Begriff enthält fertige Arbeit ökonomisch in sich verdichtet,[30] in seine Definition werden die in Betracht kommenden Merkmale aufgenommen, und da sie gesetzlich aneinandergeknüpft sind, genügt die Angabe eines einzigen von diagnostischer Bedeutung, um den ganzen Komplex zu repräsentieren; man kann also sagen: „Alle physikalischen Gesetze und Begriffe sind gekürzte Anweisungen, die oft selbst wieder andere Anweisungen eingeschlossen enthalten, auf ökonomisch geordnete, zum Gebrauch bereit liegende Erfahrungen,“[31] und die ganze „rätselhafte Macht der Wissenschaft“ liegt in dieser ökonomischen Ordnung.[32]

Gleichzeitig entsprechen diese Gebilde aber auch dem Bedürfnis der Permanenz. Denn in ihnen, – in den beständigen Gesetzen und Gleichungen wie in den festen Merkmalen des Begriffs, – sucht das Denken die Vorstellungen zu erfassen, die bei allem Wandel im einzelnen bleibend festgehalten werden können und ohne die die Veränderung zusammenhanglos und unfaßbar wäre.[33]

S t e l l u n g n a h m e: Soweit wir ohne Vermengung mit speziellen Gedankengängen, die später gesondert untersucht werden sollen, zu diesen Ausführungen Stellung nehmen können, ist folgendes zu sagen:

Eine solche entwicklungsgeschichtliche, erkenntnispsychologische und denkökonomische Betrachtungsweise kann in erkenntnistheoretischer Hinsicht indifferent oder skeptisch sein. Ich nenne sie indifferent, solange sie bloß eine Betrachtungsweise neben der eigentlich erkenntnistheoretischen Untersuchung der Gründe und Kriterien der Erkenntnis sein will; ich würde sie skeptisch nennen, sobald behauptet wird, daß diese zweite Untersuchung aus irgend einem Grunde undurchführbar sei und was Erkenntnis ist, nur nach ökonomischen Gesichtspunkten oder aus biologischen und psychologischen Gründen entschieden werden könne. In dem bisherigen liegen nun Keime zu beiden Auffassungen:

a) Zur Indifferenz der Prinzipien; was schon daraus hervorgeht, daß man diesen anregenden Betrachtungen zustimmen kann, wenn man dadurch auch die Aufgaben der Erkenntnistheorie nicht für erledigt, vielleicht nicht einmal für berührt ansieht. Der Unterschied läßt sich schon durch die Fragestellung ausdrücken. Soweit man derartiges nämlich in solcher Allgemeinheit überhaupt wird sagen wollen, ist zuzugeben, daß alles Denken, richtiges und falsches, Urteil und Vorurteil, psychologisch nach dem Prinzip der Kontinuität verläuft, wenn nicht besondere Umstände dies hindern. Die Fragen aber, wann ein Gedankenverlauf als kontinuierlich anzusehen sei oder unter welchen äußeren und inneren Umständen es zu einer kontinuierlichen Gedankenentwicklung komme, und die Frage, wann das Resultat eines Gedankenablaufes, gleichgültig ob dieser kontinuierlich oder diskontinuierlich (also auch ökonomisch oder nicht ökonomisch) sich entwickelt habe, als richtig anzuerkennen sei, drücken so viele innere Verschiedenheiten aus, daß die Annahme, es seien dies zwei einander gewissermaßen kreuzende, gegeneinander indifferente Fragestellungen, gewiß als möglich zugestanden werden muß. Dann hat aber auch die Einsicht, daß Naturgesetze gut sind, um das Gedächtnis von der Kenntnis einzelner Tatsachen zu entlasten, und naturwissenschaftliche Begriffe dem gleichen Zweck dienen, nichts mit der Frage zu tun, wie solche Gesetze und Begriffe, um diesen Zweck auch wirklich zu erfüllen, gebildet sein müssen oder welche Dignität bezw. Adäquatheit ihnen in Anbetracht der sie fundierenden Tatsachen zukommt. Und ebenso ist der Umstand, daß solche Gesetze überdies untereinander zusammenhängen, zwar gewiß von praktischem Werte und seine Ausnützung ökonomisch, die Fragen aber, wie es sich etwa mit dem Verhältnis der Sicherheiten solcher in einem Klimax stehender Gesetze zueinander verhalte, oder welche realen Beziehungen zugrunde liegen mögen, wenn zwischen zwei sonst getrennten Tatsachengruppen eine Aehnlichkeit der Gesetze besteht, die es erlaubt, sie unter allgemeine, gemeinsame Gleichungen zu fassen (etwa Licht, Elektrizität und Magnetismus), diese Fragen sind, gleichgültig ob und wie man sie für beantwortbar hält, natürlich nicht damit erledigt, daß man sagt, die Tatsache, daß wir Naturgesetze in theoretische Zusammenhänge einordnen können, sei angenehm. Dasselbe gilt aber auch für die Begriffe des Dings, der Kausalität, der Kraft u. dgl. Entweder ist ihre Bildung durch die Tatsachen gefordert oder die Tatsachen widerstreiten ihr, bezw. man fragt, ob sich das eine oder das andre erweisen lasse; aber unabhängig davon und vor der Beantwortung dieser Frage wird man sich über die instinktive Entstehung und den ökonomisch orientierenden Wert dieser Begriffe einigen können.

b) Doch es findet auch eine radikalere, skeptische Auffassung Anhaltspunkte. Betrachtet man etwa das Prinzip der Permanenz, so sagt es nämlich, daß gewisse instinktive Urannahmen ursprünglich gegeben sind[34], die dann den Tatsachenkenntnissen mit einem Minimum von Modifikation angepasst werden. So werden wir hören, daß die Bewegungstheorie der Wärme wie die stoffliche Auffassung der Elektrizität nur einem historischen Zufall den Schein von Berechtigung verdanken, auf den sich ihre Existenz gründet. Aber auch die gar nicht bildlich hypothetischen, sondern rein begrifflichen, quantitativen Darstellungen sind, weil sie sich aus der Differenzierung bereits vorgebildeter Vorstellungen entwickelt haben, durch ihre Vorbilder gefärbt.[35] Ja man kann hinzufügen, daß mitunter der Entwicklungsgang einer ganzen Disziplin, wenn ein verhältnismäßig geringfügiger historischer Umstand nicht gewesen wäre, einen anderen Weg genommen hätte, daß man zu ganz anderen Begriffen und Begriffssystemen gelangt wäre[36] u. dgl., so daß, so betrachtet, selbst die exaktesten Begriffsbildungen „zufällig und konventionell“ erscheinen.

Und man könnte sich nun einem solchen Nachweise gegenüber, – und ich habe keinen Grund, an seiner Richtigkeit zu zweifeln, – versucht fühlen, von der Wissenschaft recht skeptisch zu denken und auch die Prinzipien mit dieser Auffassung in Zusammenhang zu bringen. Es ist ja nahegelegt: wenn die Gebilde der Wissenschaft in ihrem Werden von psychologischen, individuellen Einflüssen und Zufälligkeiten abhängig sind und wenn selbst der durch die Tatsachen gegebene Faktor der Anpassung je nach der zufälligen Konstellation (d. h. je nach den Tatsachen und Seiten der Tatsachen, die gerade für die Vergleichung zur Verfügung stehen) die Entwicklung in voneinander ganz verschiedene Richtungen lenken kann[37], es ist nahegelegt, daß dann das Produkt solcher Anpassung, die Wissenschaft, nichts sei, das etwa nur so und nicht anders sein könnte. Vielmehr läßt die Anpassung, ohne daß sie deswegen schon ihren praktischen Zweck zu verfehlen brauchte, erfahrungsgemäß ihren Ergebnissen einen gewissen Spielraum; ist nun all das, was unser Naturwissen ausmacht, bloß ein solches Anpassungsprodukt, dann ist es nichts eindeutig Bestimmtes, vielmehr nur ein, lediglich historisch verständliches, Ergebnis neben anderen möglichen; dies aber könnte man in Widerspruch mit der gewöhnlichen Meinung zu setzen versuchen, die von den Ergebnissen der Naturwissenschaft Wahrheit verlangt, d. h. eben jene sachlich (in gewissen genau zu präzisierenden Hinsichten) mit objektiver Notwendigkeit begründete eindeutige Bestimmtheit, die hier geleugnet wird. Für eine solche Auffassung gäbe es dann keine feste, sozusagen absolute Wahrheit, sondern nur eine in dem Sinne relative, daß irgend eine Meinung gerade als so wahr zu gelten hat, als sie ihren Zweck, praktisch hinreichend zu orientieren, erfüllt. Mit anderen Worten: es gibt überhaupt keine Wahrheit im eigentlichen Sinne, sondern nur eine praktische, erhaltungsförderliche Konvention.

Für diese skeptische Interpretation ist nun in erster Linie der Umstand anzuführen, daß Mach von einem Buche H. Kleinpeters, „Die

Erkenntnistheorie der Naturforschung der Gegenwart", sagt, daß dieses eine Darstellung sei, der er in allem Wesentlichen zustimmen könne[38], wobei dieses Buch in seinen allgemein erkenntnistheoretischen Darlegungen voll von Gedankengängen ist, wie wir sie zuletzt skizziert haben[39]. Wollte man diese Zustimmung Machs aber vielleicht noch als eine Voreiligkeit deuten, so muß doch gesagt werden, daß auch in seinen eigenen Schriften viele Aeußerungen nach dieser radikalen Richtung neigen oder mindestens zweifelhaft sind.[40] Eine solche Auffassung ist also keineswegs eine freie Phantasie über mögliche Interpretationen der Machschen Prinzipien, sondern bleibt ernsthaft in Erwägung zu ziehen.

Für beide hier skizzierten Auffassungen finden sich also nicht nur Anhaltspunkte, sondern auch Belegstellen. Von unserer Aufgabe aus ist dann aber folgendes zu sagen: Wir wollen wissen, welche Fähigkeit diesen Erörterungen zukommt, speziellen Einschränkungen, die Mach an der induktiven Erkenntnis vollzieht, eine allgemeine Grundlage zu bieten. Die indifferente Interpretation kommt dafür ihrer Natur nach überhaupt nicht in Betracht. An der skeptischen Interpretation interessiert uns aber nicht, ihre Existenz oder Möglichkeit der Existenz als Machsche Meinung, sondern lediglich die Frage, ob sie dem Späteren wirklich als Grundlage oder nur als Hintergrund dienen kann, mit anderen Worten, ob die allgemeinen erkenntnistheoretischen Gesichtspunkte selbst so begründet sind, daß die skeptische Haltung in speziellen Fällen einfach aus ihnen gefolgert werden kann, oder nicht.

Ueber diese Frage besteht aber gar kein Zweifel.

Denn erstens müßten die Prinzipien, sollten sie für sich schon entscheidend sein, in scharfer Zuspitzung auf diesen Zweck formuliert und ihre Tragweite genau abgegrenzt sein; in konsolidierter Weise wäre zu zeigen, daß sie hinreichen, um eine wenigstens praktisch genügende Induktion zu sichern, und endlich wären Gründe beizubringen, die jede andere, auf ein höheres Erkenntnisideal gerichtete Induktionstheorie ausschließen.[41] Von einer solchen allgemeinen Untersuchung findet sich aber in Machs Schriften durchaus nichts. Die Belegstellen, die da sind, zeigen nur, daß Mach in gewissen Fällen geneigt ist, seine Prinzipien erkenntnistheoretisch aggressiv zu verwenden, – z. B. wo er sagt, daß die Frage, ob man die physikalischen Erscheinungen auf Dinge und deren Beziehungen zurückführe oder nicht, lediglich nach der dadurch gewährleisteten Oekonomie zu entscheiden sei, wobei es dann für gewisse Probleme von ihm für zweckmäßiger befunden wird, dies nicht zu tun, – sie zeigen nicht, worin die Berechtigung dazu liegt. (Beziehungsweise, wo sie sich diese nachzuweisen bemühen, stützen sie sich auf spezielle Gründe, die in jedem einzelnen Fall für sich zu erwägen sind.) Solange aber nicht die ausschließliche Berechtigung der ökonomischen, biologischen Beurteilung nachgewiesen ist, bleibt jede Berufung auf sie gegenüber anderen methodischen Gründen belanglos und es entstehen Irrtümer, wo so geschlossen wird, als ob sie allein in Betracht käme, während allgemein nachgewiesen nur ist, daß sie auch in Betracht kommt.

Zweitens zeigt sich überdies, daß die Prinzipien für sich allein nicht hinreichen, um auch nur den von Mach selbst geforderten Grad wissenschaftlicher Festigkeit zu erzielen, und daß andererseits, wenn man von diesem ausgeht und die Prinzipien auf ihn hin interpretiert, ihre ganze vermeintlich skeptische Bedeutung zerfließt, so daß die Stellen, die uns zu ihrer Erwähnung zwangen, als isolierte Widersprüche zurückbleiben.

Einerseits sagt Mach, daß jede Entwicklung eines wissenschaftlichen Gedankens, soferne sie kontinuierlich erfolgt, auch ökonomisch sei. Andererseits sagt er aber selbst, daß man bei gleichem Grade von Kontinuität doch zu ganz verschiedenen Resultaten gelangen könne, so daß er selbst verlangt, daß des weiteren erst zwischen Resultaten verschiedener Anpassungen ein bestmöglichster Ausgleich geschaffen werden müsse.[42] Dann ist aber die bloße Kontinuität und die bloß durch sie verbürgte Oekonomie auch für ihn nicht schon entscheidend, und wo dies dennoch solchen Anschein hätte, geriete er in Widersprüche mit sich selbst. Denn er will mit seiner Erkenntnistheorie, so zeigt er wiederholt, durchaus keinem erkenntnistheoretischen Nihilismus das Wort reden. „Alle wertvollen Gesichtspunkte der Einzelwissenschaften bleiben erhalten“, heißt es ausdrücklich an einer Stelle,[43] und wo immer man eine seiner eigenen fachwissenschaftlichen Arbeiten aufschlägt, überall zeigt er sich selbst um jene feste eindeutige Bestimmtheit bemüht, die durch alles mögliche hinreichend verbürgt werden kann, nur nicht durch die bloße Kontinuität, denn kontinuierlich entwickeln sich, wie er selbst zugibt, Erkenntnis wie Irrtum.[44] Und während zugestandenermaßen diese Kontinuität keine eindeutig bestimmende Forderung ist, verlangt Mach von der Wissenschaft ausdrücklich gerade Eindeutigkeit[45], und an einer Stelle wird diese Eindeutigkeit geradezu als Ziel der kontinuierlichen Anpassung bezeichnet.[46]

Beachtet man dies, so findet man nun allerdings eine dementsprechende Einschränkung in das Prinzip der Kontinuität durch die Forderung der „zureichenden“ Differenzierung aufgenommen. Sie ist jetzt das eigentlich bestimmende Moment, eine Anpassung, die nicht zureichend ist, ist keine Anpassung, und dadurch erscheint zwischen Machs Ansichten die Einstimmigkeit wieder hergestellt. Aber was bedeutet die Betonung dieses „zureichend“? Sie kann sagen wollen, wie wir es ja auch gehört haben, daß die Anpassung niemals genauer erfolgt als gerade notwendig ist, das heißt aber nichts anderes als daß in den induktiven Wissenschaften die Erkenntnis gewissermaßen von unten herauf erarbeitet werden muß, daß, was heute als wahr gilt, morgen als ein Irrtum eingesehen werden kann, daß die Induktion der Erkenntnis sozusagen nur asymptotisch zustrebt; aber dies ist eine allgemein zugestandene Tatsache und hängt durchaus nicht spezifisch mit der biogenetischen Betrachtung zusammen. Nun bemüht sich die gewöhnliche Induktionstheorie des weiteren, festzustellen, was wenigstens augenblicklich als zureichend zu gelten hat. Aber auch hierin stimmen die Konsequenzen der Machschen Anpassungsprinzipien mit ihr überein. Denn nach Mach ist eine Anpassung doch nur dann zureichend, wenn sie gestattet, die Tatsache nachzubilden und vorzubilden, d. h. wenn zwischen den Intentionen des Denkens und den Tatsachen, auf die sie sich beziehen, Widerspruchslosigkeit herrscht. Nichts anderes als solche Uebereinstimmung verlangt aber auch die gewöhnliche Anschauung. Und ebenso könnte die – als ideale Grenze zu betrachtende – schlechthin zureichende Anpassung nur die sein, welche überhaupt nie auf Widersprüche führt, welche allen in ihren Bereich fallenden bekannten und neu entdeckten Tatsachen entspricht, – das ist aber wiederum nichts anderes als was man in der gewöhnlichen Terminologie eine Wahrheit oder eine Erkenntnis nennt. Und nur eine solche Anpassung ist auch schlechtweg ökonomisch, denn jede andere muß vor gewissen Fällen versagen, unzureichend sein, das Denken irre leiten, also unökonomisch werden. Dabei ist dann das Kriterium der Oekonomie überdies erst das sekundäre, denn erst muß man wissen, ob eine Annahme mit der gesamten Erfahrung übereinstimmt, d. h. aber nichts anderes, als wissen, ob sie wahr ist, und dann erst kann man sagen, daß sie auch vorbehaltlos ökonomisch ist. Damit ist aber alle gegensätzliche Bedeutung gegenüber der gewöhnlichen Induktionstheorie aufgegeben.

Was dann noch von jener zweiten über die bloße Kontinuität hinausgehenden Rolle der Oekonomie bleibt, ist vollends nichts Spezifisches von gewöhnlichen Auffassungen Unterscheidendes. Die Anpassung der Gedanken an die Tatsachen braucht nicht nur in einer Weise zu erfolgen, verschiedene Menschen führen sie verschieden aus. Aber „wir werden diese verschiedenen wissenschaftlichen Versuche miteinander vergleichen können und den einen ökonomischer finden als den anderen. Die Oekonomie wird uns dabei einen wertvollen orientierenden Gesichtspunkt bieten, nach dem wir unser wissenschaftliches Tun einrichten."[47] So liefert die Gaußsche Dioptrik ein Beispiel von Oekonomie gegenüber der bloßen wiederholten Anwendung des Sinussatzes.[48] Erst die vollständigste einfachste Beschreibung nennt Mach in diesem Sinne ökonomisch, das ist der Zustand, wenn es gelungen ist, die geringste Zahl einfacher unabhängiger Urteile zu finden, aus welchen sich alle übrigen als logische Folge ergeben.[49] Denn es gilt nicht nur, wie er sagt, „daß jedes Erkennen des noch Unbekannten und Neuen als Kombination des Altbekannten, jede Enthüllung des scheinbar Verschiedenartigen als eines Gleichartigen, als eine angenehme Entlastung empfunden wird"[50], sondern auch jede Verminderung der zureichenden Zahl der leitenden Gedanken, jede organische Ordnung der letzteren nach dem Prinzip der Permanenz und zureichenden Differenzierung[51], so daß das Oekonomisieren, Harmonisieren, Organisieren der Gedanken, welches wir als ein biologisches Bedürfnis fühlen, weit über die Forderung der logischen Widerspruchslosigkeit hinausgeht[52], und andererseits bedeutet jede vermeintliche Inkongruenz, jede Unvollständigkeit, jede logische Differenz oder Abundanz der beschreibenden Gedanken einen Verlust, ist unökonomisch.[53] Dies ist aber, – soweit es nicht bloß eine Bestätigung des vor diesem erörterten Gedankenganges ist, – nichts als ein Hinweis auf die Tatsache, daß jenseits von wahr und falsch noch ein Spielraum bleibt, in dem sich die Unterschiede von einfachen und schwerfälligen, klaren und undurchsichtigen theoretischen Gebilden bewegen und ähnliche, die man mit Vorteil anwendet.[54]

Dann aber reduzieren sich die Konsequenzen der Machschen Prinzipien, auf Grund des Gebrauches, den er selbst von ihnen macht, ihrer sachlichen Tragweite nach auf die gewöhnlichen Anschauungen, und ihr spezifischer Wert ist kein eigener erkenntnisbegründender, sondern ein post festum illustrierender. Und in diesem Sinne sagt Mach selbst: „Ich bin als Naturforscher gewöhnt, die Untersuchung an Spezielles anzuknüpfen ... und von diesem zum Allgemeineren aufzusteigen. Diese Gewohnheit befolgte ich auch bei der Untersuchung der Entwicklung der physikalischen Erkenntnis. Ich mußte mich schon deshalb so verhalten, weil eine allgemeine Theorie der Theorie für mich eine zu schwierige Aufgabe war... So richtete ich also meine Aufmerksamkeit auf Einzelerscheinungen: Anpassung der Gedanken an die Tatsachen, Anpassung der Gedanken aneinander, Denkökonomie, Vergleichung, Gedankenexperiment, Beständigkeit und Kontinuität des Denkens usw. Hierbei war es mir förderlich und ernüchternd zugleich, das vulgäre Denken und die ganze Wissenschaft als eine biologische und organische Erscheinung zu betrachten, wobei denn auch das logische Denken als ein idealer Grenzfall angesehen wurde. Daß man an beiden Enden anfangen kann, zu untersuchen, will ich keinen Augenblick bezweifeln. Schon hieraus kann man sehen, daß ich zwischen psychologischen und logischen Fragen wohl zu unterscheiden weiß, wie ich dies übrigens jedem zutraue, der das Bedürfnis fühlt, logische Prozesse auch psychologisch zu beleuchten. Schwerlich wird mir aber auch derjenige vorwerfen dürfen, daß ich den Unterschied zwischen natürlichem, blindem und logischem Denken nivellieren will, der sich einmal genau auch nur die logische Analyse der Newtonschen Aufstellungen in meiner Mechanik angesehen hat. Wenn auch die logische Analyse aller Wissenschaften schon vollständig fertig vor uns läge, so bliebe die biologisch-psychologische Untersuchung ihres Werdens ... noch immer ein Bedürfnis, was nicht ausschließen würde, daß man diese letztere Untersuchung wieder logisch analysiert".[55]

Damit sagt Mach aber alles, was auch wir im Prinzip über diesen Gegenstand gesagt wissen wünschen, und wir können nochmals feststellen, daß mit den Prinzipien nichts für das Folgende bewiesen ist. Wo dies dennoch bei Mach durchblickt, fehlt erstens die sachliche Begründung und zweitens gerät er dort in Widersprüche, mit eigenen Aussprüchen und mit den Konsequenzen wichtiger Bestandstücke seiner Aufstellungen.

3. Die Stellungnahme gegen die mechanische Physik, Kritik einzelner physikalischer Begriffe.

„Meine Darlegungen gehen stets von physikalischen Einzelheiten aus und erheben sich von da zu allgemeineren Erwägungen“, sagt Mach[56], und da wir im vorigen Abschnitt gesehen haben, daß von den allgemeinen Erörterungen keine Klärung der Frage zu erhoffen ist, ob und inwiefern die Naturerkenntnis bedeutenderen Einschränkungen unterliegt, als gewöhnlich angenommen wird, wollen auch wir den Weg vom Einzelnen aus einschlagen. Denn wenn sich auch aus der allgemeinen Betrachtung des Wissens als eines Anpassungsprodukts keine Einschränkungen des Wissensbereiches, weder seiner Extensität noch seiner Intensität nach, ableiten ließen, so bleibt doch noch das Umgekehrte möglich, nämlich daß die im einzelnen an der Naturwissenschaft vollzogenen Einschränkungen den Gesichtspunkten der allgemeinen Betrachtung einen bis zu gewissem, eventuell hohem, Grade skeptischen Sinn verleihen.

Es sind zwei Gedankengänge, die wir in dieser Hinsicht zuerst besprechen wollen, Machs Stellungnahme gegen die sogenannte mechanische Physik und seine Kritik an einzelnen physikalischen Begriffen: Diese auf mechanischen Grundlagen fußenden Theorien und diese Begriffe haben nach Mach keinen selbständigen Wert, keinen Erklärungswert; sie sind nur da als an sich gewissermaßen gleichgültige, ökonomische Repräsentanten der Tatsachen, wie dies schon im bisherigen angedeutet wurde. Im Gegensatz nun sowohl zu der Auffassung, die in den Hypothesen der mechanischen Physik das hinter den Erscheinungen[57] liegende wahre Geschehen zu erschließen hofft, wie zu den (davon unabhängigen) Bemühungen, durch fortschreitende Verschärfung der aus den Erscheinungen entnommenen Begriffe, die wahre Struktur dieses Geschehens zu erfassen, bedeutet dies eine Einschränkung des Erkenntnisideals in dem Sinne, daß etwas, das bisher als Zweck galt, zum bloßen Mittel herabgesetzt wird. Die Theorie, das Begriffssystem sind nicht mehr Endzwecke der Forschung, sondern nur Mittel zur Beherrschung der Tatsachen; und indem jede darüber hinausgehende Funktion als unmöglich und widerspruchsvoll nachgewiesen wird, erhält die Behauptung, daß es sich in der Wissenschaft nur um ein ökonomisches Verhältnis zu den Tatsachen handle und mehr nicht möglich sei, einen spezifischen Sinn.

Newton trennte das Ergebnis der analytischen Untersuchung der Erscheinungen, das ist das, was aus den als sicher festgestellten Tatsachen mit Gewißheit gefolgert werden kann, von den Hypothesen, die zur Erklärung der Erscheinungen dienen, ohne aber selbst bewiesen zu sein. In diesem Sinne galt ihm die verkehrt quadratische terrestrischen Falls mit den kosmischen Bewegungen als Schwerebeschleunigung und die

Uebereinstimmung des Ergebnis der analytischen Untersuchung, die Frage, wie die dabei unterlegte Fernwirkung näher erklärt werden könnte, als Hypothese und Gegenstand bloßer Spekulation.[58] „Es genügt, daß die Schwere existiere," sagt er, „daß sie nach den von uns dargelegten Gesetzen wirke und daß sie alle Bewegungen der Himmelskörper und des Meeres zu erklären imstande sei ... ich habe noch nicht dahin gelangen können, aus den Erscheinungen den Grund dieser Eigenschaft der Schwere abzuleiten und Hypothesen erdenke ich nicht."[59] Wo er aber dennoch Hypothesen erdenkt, wie seine Emissionstheorie, da entschuldigt er seine willkürlichen Annahmen damit, daß seine Entdeckungen von der Theorie unbeeinflußt bleiben und daß er selbst kein Interesse habe, über das Wesen der Erscheinung zu entscheiden, daß er selbst seine Theorie nur als bequemes Hilfsmittel zu Erklärung annehme, aber nicht als Wirklichkeitlehre.[60]

Es ist schwer zu sagen, ob dieses Newton'sche hypotheses non fingo bloß ein methodisches Streben nach Abgrenzung der sicheren Ziele physikalisch-analytischer Forschung von den ungewissen Ergebnissen der darauf weiter bauenden physikalisch-philosophischen Ueberlegungen bedeuten soll, – das wäre eine dem damaligen Stande des Wissens entsprechende Grenzlinie, die sich aber im Laufe der Entwicklung immerhin bis zur Einbeziehung der ‚Hypothesen' in das Bewiesene erweitern könnte, – oder ob es die Hypothesen ein für allemal auf einen untergeordneten Platz verweisen will.[61] Sei dem jedoch wie immer, schon sein berühmter Zeitgenosse Huygens dachte ganz anders über den Wert der Hypothesen und die von diesem ausgedrückte Auffassung ist es, die fast in der ganzen Folgezeit herrscht. „Man darf nicht zweifeln, daß das Licht aus der Bewegung irgend eines Stoffes besteht, denn sei es, daß man seine Entstehung betrachtet, so findet man, daß es hier auf Erden vorzüglich durch Feuer und Flamme erzeugt wird, welche ohne Zweifel Körper in heftiger Bewegung enthalten, weil sie mehrere der härtesten Körper auflösen und schmelzen; sei es, daß man dessen Wirkungen betrachtet, so sieht man, daß das durch Hohlspiegel gesammelte Licht die Fähigkeit hat, wie Feuer zu brennen, d. h. daß es die Teile der Körper trennt, was sicherlich Bewegung andeutet, wenigstens in der wahren Philosophie, welche alle natürlichen Wirkungen auf mechanische Ursachen zurückführt. Denn das muß nach meiner Meinung geschehen, wenn man nicht jede Hoffnung, etwas in der Physik zu begreifen, aufgeben will," schrieb er in seinem Traité de la lumière[62] und tatsächlich blieb das damit gesetzte Ziel einer „wahren Philosophie" auf lange Zeit hinaus für alle bestimmend, die nach einem „Begreifen" der Naturerscheinungen strebten.[63] Das ganze 18. und der größere Teil des 19. Jahrhunderts zeigt die meisten der hervorragenden Physiker mit der gedanklichen Durchbildung solcher hinter den Erscheinungen liegender Vorgänge beschäftigt, die diese erklären sollen. Als Grundvorstellungen dienten dazu Kraft, Bewegung und Materie, letztere in den verschiedenen Gestalten der erst für wägbar gehaltenen, später als inponderabel erkannten Fluida, in den mannigfachen Formen, die der Atomistik und der Kontinuitätshypothese entsprachen, als Weltäther u. dgl.

Aber eben die große Zahl dieser von einander verschiedenen Theorien erschütterte die Glaubwürdigkeit der einzelnen. Zudem zeigt sich, wenn man den Kampf dieser Gedanken miteinander betrachtet, die bemerkenswerte Tatsache, daß die unterliegenden viel seltener durch den Nachweis ihrer Unmöglichkeit zugrunde gingen, als daß sie bloß deswegen fallen gelassen wurden, weil sich andere Vorstellungen besser als sie zu der vor allen Dingen angestrebten mathematischen Durchbildung eigneten. Außerdem litten aber auch die übrig gebliebenen Theorien daran, daß sie vor den stets neu hinzukommenden Tatsachen immer komplizierter gerieten und dennoch nicht imstande waren, alle diese Tatsachen hinreichend zu erklären. Dadurch wurden einerseits die auf solche Theorien gesetzten Hoffnungen herabgestimmt und damit der Blick für ihrer aller fundamentale Schwäche, die eigene Ungeklärtheit der in ihnen zur Erklärung des Uebrigen dienenden Begriffe von Kraft, Materie und Bewegung, geschärft, andererseits lag es nahe, indem man rückblickend die mathematische Durchbildbarkeit als das historisch ausschlaggebende Motiv erkannte, statt des Erklärungswertes einzig das durch sie ja tatsächlich repräsentierte ökonomische Moment als maßgebend gelten zu lassen. Auf diese Weise endeten dann die so zuversichtlich aufgetretenen Bestrebungen früherer Zeiten in der sehr kühlen Haltung der jetzigen. Für sie ist Maxwells Beispiel charakteristisch, der, obwohl er selbst noch einer der größten Förderer der wissenschaftlichen Durchbildung mechanischer Hypothesen war, dennoch bereits die dabei benutzten anschaulichen Vorstellungen nur mehr als bloße Bilder betrachtet wissen wollte, und noch prägnanter drückt dies Hertz aus, indem er die allein noch bleibende Funktion der Hypothesen ausdrücklich in der Forderung begrenzte, daß sie nicht mehr als anschauliche Bilder der Tatsachen zu sein brauchen, die dadurch, daß auch die Folgen dieser Bilder Bilder der Folgen der Tatsachen sind, eine einheitliche Darstellung der letzteren gestatten.

Ganz im Sinne dieser allgemeinen Entwicklung und historisch mitunter ihre Gründe zu rechnen ist das, was Mach zu diesem Gegenstande sagt. Allerdings finden sich bei ihm nicht viele ausschließlich gegen die Bilderhypothesen gerichtete Ausführungen, weil dies für ihn, der, wie wir sehen werden, direkt die diesen Theorien zugrunde gelegten physikalischen Begriffe angreift, eigentlich garnicht notwendig ist, mit der Erschütterung der Grundlagen fällt auch das darauf Gebaute dahin. Unter diesem Gesichtspunkte erhalten eine Reihe mehr gelegentlicher Ausfälle[64] erst den richtigen Hintergrund, seine übrigen Ausführungen lassen sich sachlich aber folgendermaßen gruppieren: Das Wichtigste ist wohl der an mehreren Stellen gegebene Nachweis, daß ein und dieselbe Gruppe von Tatsachen sich gleich gut durch verschiedene, eventuell einander widersprechende bildlich-hypothetische Voraussetzungen erklären lasse, so daß zwischen solchen Hypothesen eigentlich garnicht auf wahr und falsch entschieden werden kann.[65] Dadurch hat man aber ihnen gegenüber völlige Freiheit, und so schließt Mach an den gegebenen Nachweis die Forderung, daß man sich bei der Wahl der Hypothesen tatsächlich nur von ihrer Zweckdienlichkeit (für eine Beschreibung der Erscheinungen) leiten lasse, zumal ja die beliebten Modelle der mechanischen Physik, auch wo andere garnicht mit ihnen in Konkurrenz stehen, dennoch nicht das Geringste für das Verständnis der Erscheinungen leisten.[66]

Dies vorausgeschickt, lassen sich die allgemeinen Ausführungen Machs über Wesen und Art der Bilderhypothesen ohne weiteres verstehen. Mach gebraucht für sie auch den Ausdruck „indirekte Beschreibung" und eine solche ist nach ihm dann gegeben, wenn man sagt, „die Tatsache A verhalte sich nicht in einem einzelnen Merkmal, sondern in vielen oder allen Stücken wie eine bereits bekannte Tatsache B", man beruft sich dabei „gewissermaßen auf eine bereits anderwärts gegebene oder auch erst genauer auszuführende" Beschreibung.[67] So sagt man, das Licht verhalte sich wie eine Wellenbewegung oder elektrische Schwingung, der Magnet wie mit gravitierenden Flüssigkeiten beladen u. dgl.[68] Ihrem Wesen nach sind dies also Analogien, da ja dabei „in Gedanken an die Stelle einer Tatsache A doch immer eine andere einfachere oder geläufigere B gesetzt wird, welche die erstere gedanklich in gewisser Beziehung vertreten kann, aber eben weil sie eine andere ist, in anderer Beziehung doch wieder gewiß nicht vertreten kann".[69] Darin liegt nun einerseits der Vorzug, andererseits die Gefahr dieser Hypothesen. Entschiedene Vorzüge liegen bezüglich der Darstellung in der ermöglichten Einheitlichkeit der Auffassung, bezüglich des induktiven Vorschreitens in dem heuristischen Werte. „Welche Erleichterung muß es gewähren, wenn man einfach sagen kann, eine in Betracht gezogene Tatsache A verhalte sich in vielen oder allen Stücken wie eine bereits bekannte Tatsache B. Statt eines einzelnen Zuges von Aehnlichkeit tritt uns ein ganzes System von Zügen, eine wohlbekannte Physiognomie entgegen, durch welche die neue Tatsache uns plötzlich zu einer wohl vertrauten wird. Ja die Idee kann mehr bieten, als wir in der neuen Tatsache augenblicklich noch sehen, sie kann dieselbe erweitern und bereichern mit Zügen, welche erst zu suchen wir veranlaßt werden und die sich oft wirklich finden. Diese Rapidität der Wissenserweiterung ist es, welche der Theorie einen quantitativen Vorzug vor der einfachen Beobachtung gibt".[70] Andererseits liegt aber gerade darin, daß zwei Gruppen von Tatsachen als im Wesen identisch ausgesprochen werden, während sie nachweislich nur in Analogie stehen, auch eine Gefahr. So heißt es bei Mach: „Außer den Elementen, welche zur Darstellung der Tatsache, aus der eine Hypothese geschöpft ist, unerläßlich sind, enthält dieselbe immer oder doch gewöhnlich noch andere, die zu dieser

Darstellung nicht notwendig sind. Denn die Hypothese wird nach einer Analogie gebildet, deren Aehnlichkeits- und Differenzpunkte unvollständig bekannt sind, da ja sonst nichts mehr daran zu erforschen wäre. Die Lichtlehre spricht z. B. von Wellen, während nur die Periodizität zum Verständnis der Tatsachen notwendig ist. Diese über die Notwendigkeit hinausgehenden accessorischen Elemente sind es, welche in der Wechselwirkung von Denken und Erfahrung von der Umwandlung ergriffen werden. Dieselben werden allmählig ausgeschieden und durch notwendige Elemente ersetzt."[71] „Wird nun darauf, wie es leicht geschieht, nicht genug geachtet",[72] das heißt vertraut man zu sehr der Hypothese und läßt sie widersprechenden Tatsachen gegenüber nicht bereitwillig genug fallen, „so kann die fruchtbarste Theorie gelegentlich auch ein Hemmnis der Forschung werden"[73] und wird dies auch tatsächlich in einer Reihe historischer Fälle.[74]

Hält man sich aber von solchen Fehlern frei, so kommt im Laufe der historischen Entwicklung von selbst das zustande, was Mach die „teils ... sich selbst befestigende, verschärfende, teils sich selbst zerstörende"[75] Funktion der Hypothesen nennt, das heißt von den verschiedenen einander ablösenden Hypothesen bleibt nur das übrig, worin sie übereinstimmen, das Wesentliche, das ist aber der von jeder Bildlichkeit befreite begriffliche Ausdruck der Tatsachen,[76] denn alles was darüber hinausgeht, läuft, wie wir gehört haben, Gefahr, mit neuen Tatsachen in Widerspruch zu geraten. Einige Beispiele mögen diesen Umwandlungsprozeß erläutern: Stehen zwei gleichartige Körper in Wärmeaustausch, so gilt die Beziehung, daß das Produkt der Masse und des Temperaturverlustes bezw. Gewinnes bei jedem das gleiche ist. Dies gab Black den Anstoß, die Wärme als ein Fluidum zu betrachten; im Laufe der Entwicklung mußte diese stoffliche Vorstellung aber wieder bis auf einen bleibenden Rest fallen gelassen werden, und dieser Rest ist nichts anderes als die vorerwähnte Beziehung.[77] Ebenso ging Carnot bei Betrachtung seines Kreisprozesses von der Black'schen Stoffvorstellung aus, sein Resultat hat sich aber unabhängig davon erhalten.[78] Ebenso erhielt sich der Gedanke, daß die farbigen Lichter unabhängige, unveränderliche, beständige Komponenten des weißen Lichtes sind, wie dies Newton gefunden hatte, was er aber in Gedanken hinzutat, die stoffliche Auffassung, fiel wieder davon ab.[79] Aber auch von der Huygens'schen Undulationstheorie des Lichtes bleibt, wie wir schon gehört haben, eigentlich nichts über als daß „die periodischen Eigenschaften des Lichtstrahls sich wie geometrisch summierbare Strecken in einem zweidimensionalen Raume verhalten".[80] Und ebenso „haben sich die Eigenschaften des Aethers, des lichtfortpflanzenden Raumes, der sich teilweise wie eine Flüssigkeit, teilweise aber wieder wie ein starrer Körper verhält, nach und nach begrifflich bestimmt".[81]

Eine solche lediglich begriffliche Fassung der Tatsachen, die nichts Unwesentliches mehr enthält, nennt Mach eine direkte Beschreibung.[82] Hat man einmal den zu ihr strebenden Zug der Entwicklung erfaßt, so empfiehlt es sich überhaupt, sobald man der heuristischen Dienste der Hypothese entbehren kann, stets die indirekte Beschreibung durch eine direkte zu ersetzen.[83] „Wenn der Geometer die Form einer Kurve erfassen will, so zerlegt er sie zuvor in kleine, geradlinige Elemente. Er weiß aber wohl, daß dieselben nur ein vorübergehendes willkürliches Mittel sind, stückweise zu erfassen, was auf einmal nicht gelingen will. Ist das Gesetz der Kurve gefunden, denkt er nicht mehr an ihre Elemente. So würde es auch der Naturwissenschaft nicht ziemen, in ihren selbstgeschaffenen veränderlichen ökonomischen Mitteln ... Realitäten hinter den Erscheinungen zu sehen ... mit dem Wachsen der intelektuellen Erziehung an ihrem Stoff, verläßt die Naturwissenschaft das Mosaikspiel mit Steinchen und sucht die Grenzen und Formen des Bettes zu erfassen, in welchem der lebendige Strom der Erscheinungen fließt. Den sparsamsten, einfachsten begrifflichen Ausdruck der Tatsachen erkennt sie als ihr Ziel".[84] Freilich bleibt, zumal an den großen theoretischen Zusammenhängen, eine gewisse Färbung durch die ursprünglichen Bilder zurück. Betont man aber mit hinreichender Schärfe, daß das Wesen solcher Theorie doch nur auf Analogien beruht, so birgt dies keine Gefahr. Man stellt genau fest, worin das Bild begrifflich[85] mit der Tatsache übereinstimmt[86] und worin nicht, wodurch man bewahrt bleibt, es für etwas Wirkliches zu halten.[87] So gebraucht, wird dann die Analogie sogar zu einem vorzüglichen Mittel, heterogene Tatsachengebiete durch eine einheitliche Auffassung zu bewältigen, und weist den Weg, auf dem sich eine allgemeine Phänomenologie entwickeln kann. In der geforderten begrifflichen Präzisierung vereinigt sie das Wesen der direkten Beschreibung mit den Erleichterungen der Bildlichkeit.[88]

Für uns ist das Wichtigste an diesen Ausführungen, daß sie uns scharf betont eine Bedeutung des Oekonomieprinzips (bezw. des der Kontinuität) erkennen lassen. Was eingangs erwähnt wurde, ist nun deutlich geworden, Mach hält das ursprüngliche Ziel der mechanischen Physik sowohl für unerreichbar wie für zwecklos, so daß von ihren theoretischen Gebilden tatsächlich nur deren ökonomische Eignung für eine Darstellung der Erscheinungen von Wert bleibt und in Betracht kommt. Als selbstverständlich ist dabei vorausgesetzt, daß die Hypothesen in ihren Konsequenzen mit den Tatsachen übereinstimmen müssen, und dies wird natürlich nicht nach dem Gesichtspunkt der Oekonomie sondern nach den normalen erkenntnistheoretischen Kriterien entschieden, darüber hinaus bleibt aber die Oekonomie das einzig Maßgebliche und darin liegt älteren Auffassungen gegenüber eine erhebliche Einengung des Erkenntnisideals. Dabei ist Machs Standpunkt wohl der heute allgemein vorherrschende und wenn auch vielleicht bezüglich der mechanischen Physik damit noch nicht das letzte Wort gesprochen ist, so ist die ganze Angelegenheit doch so beziehungsreich, daß wir im Rahmen unserer Aufgabe nicht weiter zu ihr Stellung nehmen können, und steht derzeit so sehr zu Machs Gunsten, daß wir dies einfach anerkennen wollen.

Wir gehen daher zum zweiten Teil unserer Aufgabe über, zur Besprechung der von Mach an einzelnen physikalischen Begriffen geübten Kritik. Ueber ihre Bedeutung sind einige Worte vorherzuschicken: Mach spricht, wie wir gesehen haben, von indirekter Beschreibung und von direkter. Manchmal wird dabei die direkte Beschreibung der indirekten als eine begriffliche entgegengesetzt;[89] das ist mißverständlich, denn begrifflich sind selbstverständlich beide; der Ton liegt bei der direkten Beschreibung vielmehr darauf, daß sie die einfachste begriffliche Beschreibung ist, d. h. eine, die keine unwesentlichen Zutaten mehr enthält. Unter unwesentlichen, accessorischen Zutaten sind dabei aber solche gemeint, welche durch die Erfahrung nicht gewährleistet sind, daher der Erfahrung möglicherweise auch widersprechen können. Und deswegen trifft man den Sinn dieser Unterscheidung am genauesten, wenn man sie auf die Entgegensetzung des tatsächlich Konstatierbaren als Inhalt der direkten Beschreibung zu dem bloß hypothetisch Zugrundegelegten oder nach Analogie als unbewiesenes Plus Hinzugedachten bezieht, das den Inhalt der indirekten Beschreibung ergänzt. Dabei liegt die Bedeutung der Unterscheidung noch gänzlich in der Beweisbarkeit auf Seiten der direkten Beschreibung; es deutet hier noch gar nichts darauf hin, daß Tatsachen etwa nur in der Bedeutung sinnlich wahrnehmbarer Realitäten den Inhalt einer direkten Beschreibung ausmachen sollen, ja im Gegenteil ausdrücklich wird auch die exakte Konstatierung einer Analogie (man erinnere sich deren wiedergegebener Definition!) als Gegenstand direkter Beschreibung bezeichnet,[90] z. B. der, daß sich die Planeten wie Körper verhalten, die an einem Faden von bestimmter Spannung geschwungen werden.[91] Unter Tatsache ist hier also einfach jede gesicherte Erkenntnis zu verstehen und unter direkter Beschreibung eine Aussage, deren Bedeutung in nichts über das tatsächlich Gewährleistete hinausgeht.

Hier aber setzt jetzt ein zweiter Gedankengang ein und verlegt den Schwerpunkt um einiges mehr in das direkt Sinnlich-Anschauliche. Was nämlich so gemeinhin als tatsächlich konstatiert erachtet wird, hat nach Mach in vielen Fällen keinen Anspruch darauf. Auch die direkte, von hypothetischen Grundlagen frei begriffliche Beschreibung der Tatsachen ist an sich noch nicht das, was er die einfache oder einfachste begriffliche Beschreibung nennt; für letztere müssen vielmehr auch noch die verwendeten naturwissenschaftlichen Begriffe bestimmten Forderungen genügen. Man denke etwa an das seit Hume aktuelle Problem der Kausalität; als tatsächlich erwiesen gilt für diesen nur die zeitlich-räumliche

Verknüpfung gewisser Ereignisse, die Notwendigkeit dieser Verknüpfung und was sonst noch zur Bedeutung der Kausalität gehört, ist nach ihm bloß hinzugedacht. Diesen Humeschen Standpunkt nimmt nun Mach auch gegenüber anderen physikalischen Begriffen ein; so sind Masse, Energie, Trägheit zu nennen, Raum, Zeit, Bewegung, Temperatur, Wärmemenge u. a. Sie alle enthalten ihrer üblichen Bedeutung nach mehr als empirisch zu belegen ist; der Grund dazu liegt in historischen, psychologischen und ökonomischen Motiven. Will man aber mit solchen Begriffen ein Bild der Welt aufbauen, das richtig sein soll, so muß man dieses unbewiesene Plus davon fernhalten. Diese Scheidung führt Mach an einer Reihe von Beispielen durch und die Ergebnisse, zu denen er gelangt, wollen wir nun in Kürze wiedergeben.

Es sind in den folgenden Beispielen stets zwei Punkte, auf die sich Machs Augenmerk richtet, erstens die Konstatierung der tatsächlichen Grundlagen der untersuchten Begriffe, zweitens der Nachweis, daß jedes Ueberschreiten dieser Grundlagen und jedes Argumentieren aus den Produkten solcher Ueberschreitung zu Unklarheiten führt.[92]

So besteht bei dem Gesetze von der Erhaltung der Energie die tatsächliche Grundlage in der Beobachtung, daß es unmöglich ist, Arbeit aus nichts zu schaffen, m. a. W. daß die mannigfachsten physikalischen Zustandsänderungen durch mechanische Arbeit hervorgebracht werden und dort, wo sie wieder vollständig rückgängig gemacht werden können, den zu ihrer Erzeugung notwendig gewesenen Arbeitsbetrag wieder zurückliefern.[93] Die Verwandelbarkeit der Energie in verschiedene Formen besagt aber nicht mehr als solche Aequivalenz; daß man die Beobachtung überdies dahin deutet, ein unzerstörbares Etwas – die Energie – bleibe dabei im Grunde erhalten und ändere nur die Form seiner Aeußerung, diese substantielle Interpretation, entspricht lediglich einem Bedürfnis unseres Denkens nach Stabilität der Auffassung, sie wird an die Tatsachen von uns herangebracht, die sich ihr zwar fügen, sie aber nicht als notwendig verlangen.[94] Und nicht einmal die Möglichkeit der Interpretation darf man hoch bewerten; die sie gewährleistende Tatsache der Aequivalenz hängt ganz von zweckentsprechender Wahl der Maßbegriffe für die neben der Arbeit in Betracht kommenden physikalischen Zustandsgrößen ab; würde man gewisse Größen anders messen (was nur historisch bedingt erscheint), so wäre nicht einmal diese Aequivalenz vorhanden und jeder Anhalt fehlte.[95]

Ganz ähnliches gilt aber von dem Begriffe der Wärmemenge; für gewisse verschwindende thermische Reaktionen treten Aequivalente auf,[96] d. h. wiederum nur solche, die sich als äquivalent auffassen lassen , dies ist das Tatsächliche, für eine substantielle Interpretation desselben fehlt aber die notwendige Grundlage so sehr[97] wie für die entgegenstehende kinetische;

beide sind also von der einfachen Wiedergabe des Tatsächlichen fernzuhalten. Um hierin klar zu sein, muß vor allem der Temperaturbegriff sicher gestellt werden, dessen mißverständliche Auffassung vielfach die Quelle nutzloser Ueberlegungen wurde. Dies wendet sich[98] gegen alles Suchen nach einem „natürlichen“ Temperaturmaß, nach einer „wirklichen“ Temperatur, für die die abgelesene nur ein unvollkommener Ausdruck sei, und betont, daß das Maß des Wärmezustandes eines Körpers – d. i. dessen an die Wärmeempfindung geknüpftes physikalisches Verhalten – durch irgend eine thermoskopische Methode nur ein konventionelles ist, so daß Schlüsse daraus nur unter diesem Vorbehalt zu ziehen sind, wenn sie nicht auf Sinnlosigkeiten führen sollen.[99]

Von größter Wichtigkeit ist ferner die Klarstellung der Begriffe von Raum, Zeit und Bewegung. Sie alle sind nach Mach durch die Erfahrung nur in der Bedeutung von Relationen gesichert. Ob eine Bewegung gleichförmig sei, kann nur in Bezug auf eine andere beurteilt werden, die Frage, ob sie an sich gleichförmig sei, hat daher keinen Sinn.[100] Newtons Versuch, zwischen absoluter und relativer Bewegung durch das Auftreten, bezw. Fehlen von Fliehkräften zu entscheiden,[101] ist hinfällig, da er doch nur zwischen zwei Gruppen relativer Bewegungen trennt.[102] Da somit auch jedes dynamische Kriterium hinwegfällt und rein phoronomisch ohnedies keine absolute Orientierung möglich ist, bleibt für die Erfahrung nur relative Bewegung gegeben.[103]

Damit ist aber auch dem Begriff eines absoluten Raumes der Boden entzogen. Denn für ihn wird zugegeben (Newton), daß in der Erfahrung nur relative Lagen gegeben seien, und bloß aus den dynamischen Unterschieden der Bewegung wird die Notwendigkeit gefolgert, einen absoluten Raum als Korrelat der wirklichen Bewegung anzunehmen. Da Mach aber diese Unterschiede für hinfällig ansieht, finden sich in der Erfahrung keine Anhaltspunkte für den Begriff eines absoluten Raums; stellt man ihn dennoch auf, so überschreitet man damit die Grenzen der Erfahrung.[104]

Dasselbe gilt aber auch von der Zeit. Auch sie schied Newton in eine relative und eine absolute, wobei ihm die relative als das nicht ganz genaue Maß (Stunde, Tag, Jahr) der absoluten, wahren oder mathematischen Zeit galt, die in den physikalischen Gleichungen auftritt. Mach wendet dagegen ein, daß die tatsächliche, physikalische Grundlage des Zeitbegriffs einzig dies sei, daß sich die Umstände eines Dinges A mit denen eines anderen Dinges B ändern und von diesen abhängig sind; so bedeutet beispielsweise, daß die Schwingungen eines Pendels in der Zeit vor sich gehen, nichts anderes als daß die Exkursion des Pendels von der Lage der Erde abhängig sei.[105] Die Veränderungen der Dinge an der Zeit schlechthin zu messen, ist man aber völlig außer Stande.[106] Ebenso kann aber auch eine absolute Zeit – unabhängig von jeder Veränderung – an nichts gemessen werden, ihre Vorstellung hat daher keinen wissenschaftlichen Wert.[107] Eine absolute Bewegung, ein absoluter Raum, eine absolute Zeit sind bloße Gedankendinge, die in der Erfahrung nicht nachgewiesen werden können. Operiert man mit solchen Begriffen, so überschreitet man die Grenzen der Erfahrung, was unstatthaft ist und zudem sinnlos, weil man nichts über diese transempirischen Dinge auszusagen vermag.[108]

Wichtig für das Spätere ist noch Machs Haltung gegenüber den Begriffen der Masse und Trägheit. Entgegen der Newtonschen, eng mit dem Begriff Substanz zusammenhängenden Definition der Masse als Menge der Materie, weist Mach nach, daß die Bedeutung dieses Begriffes durchaus nicht aus einer solchen Vorstellung zu gewinnen ist, sondern nur aus gewissen experimentellen Erfahrungen.[109] Es läßt sich nur sagen, daß man dann einem Körper die Masse m zuschreibt, wenn er einem als Einheit angenommenen Vergleichskörper unter bestimmten Umständen die m-fache Beschleunigung erteilt als er von ihm erfährt,[110] und daß dann erfahrungsgemäß zwei Körper, die sich im Verhältnis zu einem dritten als von gleicher Masse erweisen, dies auch in ihrem gegenseitigen und in ihrem Verhalten zu anderen Körpern tun.[111] „In einem solchen Massenbegriff liegt keine Theorie, die Quantität der Materie ist unnötig, er enthält bloß die scharfe Fixierung einer Tatsache";[112] „über die Anerkennung dieser Tatsache ist aber nicht hinauszukommen ohne in Unklarheiten zu verfallen",[113] heißt es bei Mach. Auf diesen selben Kreis von Erfahrungen reduziert sich aber auch die ganze Bedeutung des Trägheitsgesetzes.[114] Es sagt nicht mehr, als daß es Beschleunigungen sind, die Körper unter gewissen von der Experimentalphysik anzugebenden Umständen aneinander bestimmen,[115] daß, wenn diese Umstände fehlen, auch die Beschleunigungen ausbleiben[116] und daß beides gilt, nicht nur wenn man die Beschleunigungen irdischer Körper relativ gegen die Erde beurteilt, sondern auch wenn man das Verhalten der Erde gegen die fernen Himmelskörper beachtet.[117] Dabei ist nach dem Früheren selbstverständlich überall nur von Relativbeschleunigungen die Rede.[118]

Diese Darlegungen bilden, obwohl in dem hier vorgezeichneten Rahmen ihrer Wiedergabe nur wenig Raum gegeben werden konnte, vielleicht den bedeutendsten Teil von Machs Leistungen. So interessant sie aber auch sind und so sehr sie mitten in heute noch lebhaft in den beteiligten Fachkreisen umstrittene Fragen führen, wir haben es nur mit ihrer erkenntnistheoretischen Bedeutung zu tun und dieser gegenüber ist die Stellungnahme kurz und klar vorgezeichnet.

Was ist nachgewiesen? Nachgewiesen ist, daß gewisse physikalische Begriffe den maßgeblichen Teil ihres Inhalts nur durch die Erfahrung erhalten, und dies ist eine Selbstverständlichkeit. Selbstverständlich ist dann auch, daß die Definition eines solchen Begriffs „eine Summe von

Erfahrungen konzentriert in sich enthält"[119], und daß „alle physikalischen Begriffe gekürzte Anweisungen, die oft selbst wieder andere Anweisungen eingeschlossen enthalten, auf ökonomisch geordnete, zum Gebrauch bereitliegende Erfahrungen"[120] sind. Nachgewiesen ist ferner, daß faktisch vorliegende Versuche, bestimmten physikalischen Begriffen eine Bedeutung zu sichern, die zwar auch aus den Erfahrungen gefolgert sein soll (und in diesem Sinne als deren Repräsentant gelten kann), die aber nicht bloß die Erfahrungen ausdrückt, sondern eben auch das aus diesen Erschlossene (welches wie der absolute Raum selbst durchaus nicht in die unmittelbare sinnliche Erfahrung zu fallen braucht) fehlschlugen.[121]

Was strebt dieser Nachweis aber an? Und da ist zu sagen: Zunächst kann er bloß mit der Forderung zusammenwirken, daß man nach voreiligen Versuchen sich mit den Begriffsbildungen einstweilen wieder möglichst eng an die Erfahrung anschließe, sich möglichst wenig über die durch sie gegebene sichere Basis erhebe. Eine solche Besonnenheit kann niemals schaden und unter Umständen kann sie auch zur methodischen Forderung werden. Wir werden im späteren sehen, daß dies tatsächlich sich mit bemerkenswerten Tendenzen der modernen Physik berührt. Diese strebt unter der Nachwirkung von Erfahrungen, deren einige in diesem Abschnitt schon erwähnt wurden, danach, ihren Betrieb tunlichst vor den Unsicherheiten der an ihre Resultate angrenzenden Metaphysik zu sichern, indem sie möglichst scharf das, was von ihren Begriffen rein physikalisch in Betracht kommt, von allem übrigen abscheidet und sich nur auf ersteres konzentriert. Wir werden über die Schranken dieser Tendenz noch zu sprechen haben, hier sei festgestellt, daß ihr bei Mach auch nur der Schluß aus dem Bisherigen auf derzeit gebotene Vorsicht entspräche. Es müßte heißen, Erklärungen durch Hypothesen schlugen fehl, Ansätze zu Begriffssystemen, die sich über das unmittelbar Erfahrene erheben wollten, brachen zusammen, es bleibt uns daher nichts übrig, als unsere Begriffe einstweilen möglichst naiv empirisch zu gestalten. Ihre ökonomische Repräsentanz der Erfahrungen ist der einzige Dienst, den wir jetzt schon mit Sicherheit von ihnen beanspruchen können. – Damit wäre auch für uns die Angelegenheit Mach gegenüber erledigt.[122]

Aber dies ist nicht die einzige Tendenz der gebrachten Ausführungen. Aus dem Zusammenhange des Ganzen, aus den Folgerungen, die Mach, wie wir sehen werden, aus ihr zieht, ergibt sich ein zweiter Sinn seiner Kritik mit Gewißheit, dahin zielend, daß es überhaupt nicht möglich sei, etwas aus den Erfahrungen zu erschließen (und einen entsprechenden physikalischen Begriff sinnvoll zu bilden), das nicht selbst unmittelbar sinnlich erfahrbar ist. Und nur dies kann, wie gesagt, die mögliche Interpretation seiner Ausführungen sein, wenn man diese in Zusammenhang mit dem breiten Zuge seines Denkens betrachten will, der von vielen Seiten her in jenen

Sensualismus mündet, für den nur die sinnlichen Erscheinungen das Reale sind und für den alle wissenschaftlichen Begriffe nur dazu da sind um zwischen ihnen zu orientieren, ohne irgend etwas mehr besagen zu können.[123]

Dies aber wiederum ist nicht das Bewiesene, selbst wenn man den Umfang des letzteren mit noch so großer Konzilianz festsetzt. Denn Schwierigkeiten und tatsächliche Fehlschläge sind noch keine Unmöglichkeiten, auf Grund reiferer Erfahrungen könnten dieselben Versuche wieder aufgenommen und zum Ziele geführt werden. So bleibt man in der Akustik ja auch nicht bei den Tönen stehen, sondern erschließt die sie erregenden Schwingungen und überall wo ein solches Ueberschreiten der unmittelbaren Erfahrung einwandfrei begründet werden kann, wird es auch statthaft sein, gleichgültig ob das Erschlossene wie die Schwingungen tönender Körper, in anderer Hinsicht wieder anschaulich gemacht werden kann oder nicht.[124] Der Ratschlag, bloß weil bisher Versuche fehlschlugen, einfach auch alle künftigen für sinnlos zu erklären, ist wissenschaftlich nicht berechtigt.

Denn darüber muß man sich klar sein, daß das danach noch Zurückbleibende etwas Unzureichendes ist. Man betrachte etwa die bloß nach den Tatsachen gegebene Definition der Masse; die Masse ist in ihr freilich etwas, das nur in Relation zu anderen Körpern sich äußert, aber diese anderen Körper können wechseln und das Verhalten des untersuchten Körpers bleibt doch so, daß ihm stets dieselbe Masse zuzuschreiben ist. Ist diese individuelle Masse dann dem untersuchten Körper oder den Vergleichskörpern eigentümlich? Ich möchte diese Frage, die in den Bereich des Substanzbegriffes gehört, nicht so einfach beantworten; aber aufwerfen wollte ich sie, denn, wie immer die Antwort ausfällt, das ist klar, daß die Reaktion, die man unter der Bedeutung „von der Masse X“ befaßt, enger mit dem Körper zusammenhängt, an dem sie stets gefunden wird, als mit den Vergleichskörpern, die dabei nur in einem beliebigen, nicht in einem individuellen Exemplar vorhanden zu sein brauchen; dann liegt aber auch in den Erfahrungen, auf die sich Mach beruft, zumindest schon der Anstoß zur Bildung eines Eigenschaftsbegriffes. Und ein ganz ähnlicher Fall ist bei Raum und Zeit gegeben. Weil man verschiedene Vergleichskörper benutzen kann, sagt Mach, und dadurch von dem einzelnen unabhängig ist, scheinen Raum und Zeit etwas Besonderes zu sein; darin liegt ein Fehler, denn unabhängig von Vergleichskörpern kann räumliches und zeitliches Verhalten nicht beurteilt werden und man weiß auch nicht, wie es in solchem Falle ausfiele.[125] Aber auch dem gegenüber gilt das Gleiche wie vorhin: gerade der Umstand, daß trotz verschiedener Vergleichskörper (gemeint ist, daß man beispielsweise die Zeit an einer Uhr, nach dem Drehungswinkel der Erde, nach einem Temperaturabfall usw. beurteilen könne) von dem gleichen räumlichen oder zeitlichen Verhalten gesprochen werden kann, spricht auch dafür, daß dieses Verhalten etwas von den Vergleichskörpern Unabhängiges ist.[126] (Daß aber bei völliger Abwesenheit anderer Körper das ursprüngliche Verhalten nicht mehr vorausgesetzt werden dürfe, gehört überhaupt nicht hierher sondern zur Besprechung der induktiven Methodik ganz im allgemeinen.) Und so steht es auch in anderen Fällen.

Dann sind aber überall Impulse zum Weiterschreiten tatsächlich vorhanden und was Mach verlangt, wäre einfach ein Ignorieren derselben und als letztes Resultat etwas höchst Unbefriedigendes. Es könnte ja sein, daß so etwas bei genauer Einsicht hingenommen werden müßte, aber man wird dies niemandem zumuten, wenn nicht zwingende Gründe vorhanden sind oder – wenn als Ersatz eine andere, die Schwierigkeiten ausschaltende erkenntnistheoretische Haltung zu Gebote steht. Gerade dies ist aber Machs Fall; die Auffassung, daß es sich um einen allgemeinen, wechselseitigen Zusammenhang der Erscheinungen handle, der nirgends fest sondern da und dort nur fester als anderswo ist, spielt hier bereits herein, die Hoffnung, unter Berücksichtigung dieses Umstandes trotzdem ein in sich gefestigtes Erkenntnisideal aufstellen zu können, die Aussicht, daß von diesem aus gesehen ein Bedürfnis, in den vorhin angedeuteten Richtungen weiter zu schreiten, überhaupt fehlen werde, u. a.

Damit hat sich dann aber das Gesamtverhältnis umgekehrt: die geübte Kritik macht solche Anschauungen nicht in dem Sinne notwendig, daß sie irgendwie aus ihr schon folgen würden, sondern vielmehr in dem Sinn, daß die Kritik sie notwendig hat, wenn ihr Resultat ein definitives sein soll. Und wir können auch am Schlusse dieses Abschnittes sagen: kommen anderswoher noch Argumente für die Mach eigentümlichen Positionen, so können die hier besprochenen Ausführungen ihre Tragweite vergrößern, einen selbständigen, entscheidenden Beweiswert haben sie aber nicht.

4. Die Polemik gegen den Begriff der Kausalität; sein Ersatz durch den Funktionsbegriff.

Die Angriffe des vorigen Abschnitts richteten sich gegen bestimmte theoretische Gebilde, der, den wir jetzt darzustellen beginnen, ist geeignet, diese Ziele des wissenschaftlichen Denkens insgesamt in der Wurzel zu entwerten. In der Tat geschieht dies, sobald die Hoffnung auf eine kausale Erklärung fallen gelassen werden muß, da diese es ist, der Begriffssystem und Theorie dienen, wenigstens nach der Auffassung der meisten. Wir berufen uns auf das Zeugnis von Helmholtz: der Grundsatz, daß jede Veränderung in der Natur eine zureichende Ursache haben müsse, nötigt uns nach ihm, die unbekannten Ursachen der Vorgänge aus ihren sichtbaren Wirkungen zu erschließen. Dabei können „die nächsten Ursachen, welche wir den Naturerscheinungen unterlegen, selbst unveränderlich sein oder veränderlich; im letzteren Falle nötigt uns derselbe Grundsatz, nach anderen Ursachen wiederum dieser Veränderung zu suchen usw., bis wir zuletzt zu letzten Ursachen gekommen sind, welche nach einem unveränderlichen Gesetz wirken, welche folglich zu jeder Zeit unter denselben äußeren Verhältnissen dieselbe Wirkung hervorbringen. Das endliche Ziel der Naturwissenschaften ist also, die letzten unveränderlichen Ursachen der Vorgänge in der Natur aufzufinden."[127]

Dieses Ziel erklärt Mach für unerreichbar und unsachgemäß. Die ihn bewegenden Gründe sind mannigfach und zu ihrer Aufklärung sollen sie im folgenden nach den wichtigsten Gesichtspunkten zusammengefaßt werden.

1. Das Helmholtz'sche Ideal kausaler Analyse erstrebt das Aufsuchen letzter Ursachen, welchen unter denselben Umständen mit eindeutiger Gesetzlichkeit die gleichen Wirkungen folgen; dies setzt voraus, daß solche Ursachen überhaupt vorhanden sind, oder, um es mit Fechners Worten zu sagen, daß tatsächlich in gewissen Fällen überall und zu allen Zeiten, insoweit dieselben Umstände wiederkehren, auch derselbe Erfolg wiederkehrt, und soweit nicht dieselben Umstände wiederkehren, auch nicht derselbe Erfolg wiederkehrt.[128] – Dagegen wendet nun Mach ein, daß die vorausgesetzten gleichen Erfolge unter gleichen Umständen überhaupt nur in der Abstraktion existieren, d. h. nur bei Vernachlässigung anderer Seiten der Tatsachen, während in der Wirklichkeit genaue Wiederholungen gleicher Fälle nicht zu finden sind. „Wenn wir von Ursache und Wirkung sprechen," heißt es[129], „so heben wir willkürlich jene Momente heraus, auf deren Zusammenhang wir bei Nachbildung einer Tatsache in der für uns wichtigen Richtung zu achten haben. In der Natur gibt es keine Ursache und keine Wirkung. Die Natur ist nur einmal da. Wiederholungen gleicher Fälle, in welchen A immer mit B verknüpft wäre, also gleiche Erfolge unter gleichen Umständen, also

das Wesentliche des Zusammenhanges von Ursache und Wirkung, existieren nur in der Abstraktion, die wir zum Zweck der Nachbildung der Tatsachen vornehmen."

Die eigentliche Bedeutung dieses Einwandes greift tief in die Machsche Erkenntnistheorie ein, denn wenn dieser Einwand Recht hat, dann gibt es „in der Natur" nicht nur kein Kausalgesetz, sondern überhaupt kein Gesetz, da ja jedes Naturgesetz auf den Ausdruck beständiger Verknüpfung zielt. Wie es damit steht, zumal die Rolle, die Mach dabei der Abstraktion zuweist, können wir aber erst an späterer Stelle erörtern.

2. Eine Teilbedeutung dieses Einwandes liegt jedoch schon in der Behauptung, daß die Rede von Ursache und Wirkung deswegen auf ungenauer Beobachtung beruhe, weil eine genauere Analyse die sogenannte Ursache stets nur als ein Komplement eines die sogenannte Wirkung bestimmenden Komplexes von Tatsachen erweist. Je nachdem man diesen oder jenen Bestandteil des Komplexes beachtet oder übersehen hat, ist das fragliche Komplement sehr verschieden.[130] Als Beispiel diene die Erwärmung eines Körpers durch Bestrahlung von der Sonne. Die Erwärmung folgt auf die Bestrahlung; letztere ist daher Ursache, erstere Wirkung. Analysiert man aber genauer, so sind auch Zwischenmedium und Umgebung als auf die Erwärmung des Körpers Einfluß habend in Rechnung zu stellen; die Bestrahlung durch die Sonne ist also gar nicht die vollständige Ursache der Erwärmung des Körpers, sie ist nur ein Komplement derselben.

3. Statt der einfachen Verknüpfung besteht also eine sehr komplizierte, eine ganze Mannigfaltigkeit von Beziehungen. Die Beziehung zwischen Sonne und Körper kann faktisch nicht isoliert werden; das Medium und die umgebenden Körper bestimmen gleichfalls Aenderungen an dem betrachteten und empfangen ihrerseits wieder solche von ihm; gleichzeitig stehen sie aber überdies in ähnlichen mit hereinspielenden Beziehungen zu einer Unzahl anderer Körper.[131] Das gleiche gilt, wenn zwei Körper in Wärmeaustausch durch Leitung stehen[132] oder im Falle gegeneinander gravitierender Massen.[133] Auch hier ist, wenn man nur zwei gravitierende Massen oder zwei wärmeaustauschende Körper für sich betrachtet, die Geschwindigkeitsänderung der einen die Ursache der Geschwindigkeitsänderung der anderen und umgekehrt, die Temperaturänderung des einen Ursache der Temperaturänderung des anderen und umgekehrt. Sowie man aber den stets vorhandenen Einfluß anderer Massen und Körper berücksichtigt, hört zwar die Umkehrbarkeit auf, aber auch die Einfachheit der Beziehung. Selbst in den einfachsten Fällen erhält man dann ein System simultaner Differentialgleichungen.[134]

4. Die Beziehungen, auf die man durch solche exakte Behandlung geführt wird, sind im Gegensatz zu den Charakteristiken der kausalen Relation

umkehrbar und drücken keine Succession aus. So in dem eben erwähnten Beispiele, wenn man nur die unmittelbare Beziehung zweier Massen oder Körper berücksichtigt; sie wird durch eine Gleichung ausgedrückt und jedes Element ergibt sich als Funktion des anderen. Ursache und Wirkung wären in solchem Falle vertauschbar, also gar nicht als Ursache und Wirkung charakterisiert.[135] Wohl sagt man, tritt einer Masse A eine Masse B gegenüber, so folgt hierauf eine Bewegung von A gegen B hin, dies ist aber ungenau, und genauer betrachtet zeigt sich, daß Massen A B C D aneinander gegenseitig Beschleunigungen bestimmen, welche also mit der Setzung der Massen zugleich gegeben sind.[136] Ebenso wären in dem Beispiel der Bestrahlung eines Körpers durch die Sonne die Aenderungen simultan und einander gegenseitig bestimmend, wenn die beiden in unmittelbarer Wechselwirkung stünden, die Temperaturänderung des Körpers könnte dann auch umgekehrt als Ursache der Temperaturänderung der Sonne angesehen werden.[137] Ebenso läßt sich scheinbar die einem Gase zugeführte Wärme als die Ursache seiner Spannkraft ansehen, in exakter Beleuchtung sind aber beide Variablen einer Zustandsgleichung und die Aenderung der einen Variablen bedingt so gut die Aenderung der anderen wie umgekehrt.[138] Mach faßt dies in den Worten zusammen: „Betrachtet man die physikalischen Vorgänge genau und im Einzelnen, so scheint es, daß man alle unmittelbaren Abhängigkeiten als gegenseitige und simultane ansehen kann. Für die vulgären Begriffe Ursache und Wirkung gilt das gerade Gegenteil, weil sie eben in ganz unanalysierten Fällen vielfach vermittelter Abhängigkeit Anwendung finden".[139] Und er illustriert dies im Anschluß daran noch an den Beispielen eines Schusses und der Wahrnehmung eines leuchtenden Objektes. Zwischen Explosion und Einschlagen des Projektils, zwischen Leuchten und Lichtempfindung liegen in beiden Fällen Zwischenglieder, Ketten von vermittelter Abhängigkeit. „Der getroffene Körper restituiert nicht die Arbeit des Pulvers, die empfindende Netzhaut nicht das Licht; beide sind nur Glieder der Kette der Abhängigkeiten, die sich auf anderen Wegen fortsetzen, als sie eingeführt worden sind. Der Körper liefert etwa fliegende Sprengstücke, der Wahrnehmende greift vielleicht nach dem leuchtenden Objekt. Der ganze Vorgang braucht nicht deshalb momentan und umkehrbar zu sein, weil er sich auf eine vielfache Kette simultaner und umkehrbarer Abhängigkeiten gründet."

Sieht man von der vollen Tragweite des an erster Stelle erhobenen Einwandes vorläufig ab, so fällt das Bleibende unter das Schlagwort: Ersatz der kausalen Darstellung durch eine funktionale.

„In den höher entwickelten Naturwissenschaften wird der Gebrauch der Begriffe Ursache und Wirkung immer mehr eingeschränkt, immer seltener. Es hat dies seinen guten Grund darin, daß diese Begriffe nur sehr vorläufig und unvollständig einen Sachverhalt bezeichnen, daß ihnen die Schärfe mangelt... Sobald es gelingt, die Elemente der Ereignisse durch meßbare Größen zu charakterisieren, was bei Räumlichem und Zeitlichem sich unmittelbar, bei anderen sinnlichen Elementen[140] aber doch auf Umwegen ergibt, läßt sich die Abhängigkeit der Elemente von einander durch den Funktionsbegriff viel vollständiger und präziser darstellen, als durch so wenig bestimmte Begriffe wie Ursache und Wirkung.[141] Dies gilt nicht nur dann, wenn mehr als zwei Elemente in unmittelbarer Abhängigkeit,[142] sondern noch viel mehr, wenn die betrachteten Elemente nicht in unmittelbarer sondern in mittelbarer, durch mehrfache Ketten von Elementen vermittelter Abhängigkeit stehen. Die Physik mit ihren Gleichungen macht dieses Verhältnis deutlicher, als es Worte tun können."[143] In diesen Worten Machs drückt sich das Ergebnis der erhobenen Einwände aus; kausale sind unvollständig analysierte, vollständig analysierte sind funktionale Beziehungen.

Fragt man weiter, was eigentlich funktionale Beziehungen seien, so ist die Antwort, wie wir gehört haben: solche, welche die quantitative gegenseitige Abhängigkeit der meßbaren Bestimmungsstücke der Erscheinungen voneinander ausdrücken, und zur Erläuterung wird auf die Gleichungen der Physik verwiesen. Betrachten wir nun eine solche, etwa die zwischen Druck und Volumen bei einem vollkommenen Gase konstanter Temperatur bestehende, so enthält sie in der Tat nichts von Succession, also auch nichts von Kausalität. Statt zu sagen: Die Tatsache B folgt auf die Tatsache A und aus der Tatsache A, ermöglicht eine solche Gleichung nur, die Tatsache B aus der Tatsache A zu berechnen, d. h. aus der funktionalen Beziehung und der metrischen Charakteristik der einen Tatsache folgt die Charakteristik der anderen und umgekehrt, denn im allgemeinen ist dann ebenso B mögliche Prämisse für die Berechnung von A. In diesem Sinne sind dann funktionale Beziehungen, wie wir gehört haben, gegenseitig und simultan und drücken nichts als die Abhängigkeit „der begrifflichen Bestimmungselemente einer Tatsache einfach in dem rein logischen Sinne" aus, „wie dies der Mathematiker, etwa Geometer tut".[144]

Ohne hier noch auf sein Verhältnis zur Kausalität einzugehen, ist nun die weite Geltung ohne weiteres zuzugestehen, die dem von Mach dergestalt hervorgehobenen Funktionsbegriff zukommt. In der Tat zeigt sie jede physikalische Gleichung. Dem vorhin als Beispiel herangezogenen Boyle'schen Gesetz könnte noch der Vorwurf gemacht werden, daß es überhaupt keine kausale Verknüpfung ausdrücke, sondern auch nach der gewöhnlichen Auffassung eine simultane der Koexistenz, aber auch Gesetze wie die Richmann'sche Mischungsregel, wie das Galilei'sche Fall- oder das Kepler'sche Brechungsgesetz, ja selbst so spezifisch kausal interpretierte Gleichungen, wie die von Newton zur Erklärung der Planetenbahnen für die Gravitation aufgestellte,[145] lassen sich in funktionalem Sinne auffassen.

Zumal aber scheint die in der Physik immer mehr in den Vordergrund tretende Darstellung durch Differentialgleichungen in diese Richtung zu drängen. Denn wie immer man im übrigen über den Sinn dieser Darstellungsweise denke, eines ist nicht zu übersehen: ihre große Abstraktheit und ihre – doch sei dies durchaus nicht absprechend gesagt – metaphysische Unbekümmertheit. Wenn in früheren Darstellungen etwa Kraftgesetze eine beherrschende Stellung einnahmen, die sich durch individuelle Konstanten der beteiligten Körper zu den jeweiligen Wirkungen spezialisierten und so die einzelnen Erscheinungen erklären ließen, so schien dies eine sehr direkte Beziehung auf die Wirklichkeit zu haben und metaphysische Folgerungen unmittelbar nahe zu legen. Diese Distanz hat sich heute entschieden vergrößert. Die alten Kraftgesetze u. dgl. erscheinen heute meist nur als sehr spezielle Fälle allgemeinerer Gesetze und diese allgemeinen, vielfach durch Systeme von Differentialgleichungen ausgedrückten Gesetze haben wieder gewissermaßen eine viel geringere metaphysische Berührungsfläche. Denn sie hängen in unmittelbarer Sichtlichkeit eigentlich nur an einem Punkte mit der Wirklichkeit zusammen, nämlich dadurch, daß ihre Konsequenzen mit ihr übereinstimmen; so bedeutende Physiker wie Kirchhoff und Hertz gestanden ihnen keine andere Bedeutung zu, und jedenfalls ist die Versuchung, ihren eigenen begrifflichen Inhalt außer in diese indirekte auch noch darüber hinaus in direkte Beziehung zur Wirklichkeit zu setzen, geringer als bei älteren Theorien, denn sie bieten weit weniger Anhaltspunkte dazu, – man denke beispielsweise an das Strömen jenes Vektors, der als das Produkt einer Kraft mit einer stofflichen Konstante charakterisiert wird und eine der fundamentalsten Vorstellungen der Elektrizitätslehre bildet. Was z u n ä c h s t übrig bleibt, ist dann aber wirklich nichts als ihre Eignung zur Darstellung der Erscheinungen, die sie in weitem Umfange miteinander verknüpfen, und zwar wieder nur so, daß sie ohne etwas von Succession u. dgl. zu enthalten, lediglich die Berechnung ermöglichen, also gleichfalls unter den erörterten Begriff des funktionalen Zusammenhanges fallen. Die Berufung auf sie fehlt denn auch nicht bei Mach.[146]

Für ihn und für das Verständnis seiner Darlegungen ist diese Sachlage aber von größter Bedeutung, ich möchte sogar behaupten, daß ihr in dem Gefüge seiner Gedanken eine ganz zentrale Stellung zukommt. Denn in ihr findet zunächst der erörterte Gesichtspunkt der Oekonomie seinen stärksten und eigentlichen Halt: Hertz hatte, entgegen der früheren Gepflogenheit, einzelne Sätze (z. B. Kraftgesetze, Erhaltungsgesetze u. dgl.) teils axiomatisch, teils als Ausdruck fundamentaler Erfahrungen voranzustellen und das Uebrige aus ihnen abzuleiten, – die Aufmerksamkeit auf den darin liegenden Selbstbetrug gelenkt, der dann entsteht, wenn man glaubt, den an sich nur durch ein paar Fundamentalversuche gestützten Grundgleichungen komme eine andere Dignität zu als die durch die Richtigkeit der aus ihnen deduktiblen speziellen Erfahrungssätze gewährleistete; er empfahl, die grundlegenden Gleichungen (und heute sind es die erwähnten differentiellen Ausdrücke), wenn man sie einmal besitze, nicht weiter abzuleiten, sondern einfach hinzunehmen und bloß in ihrer Fähigkeit zur Darstellung der Tatsachen ihre Berechtigung zu sehen: hält man dies mit ihrem vorhin erwähnten abstrakten, nicht unmittelbar auf die Wirklichkeit bezogenen begrifflichen Gehalte zusammen, so hat man hierin den gesuchten Kern des Oekonomieprinzips. Denn konstatierten wir früher bloß, daß die ökonomische Betrachtung neben anderen auch ins Spiel komme und daß es auch eine Aufgabe der Wissenschaft sei, „Erfahrungen zu ersetzen oder zu ersparen durch Nachbildung und Vorbildung der Tatsachen in Gedanken",[147] so ist durch das zuletzt Gehörte ein „nur" an die Stelle des „auch" gerückt; funktionale Beziehungen gestatten nur die logische Bestimmung „der Abhängigkeit der Merkmale der Tatsachen voneinander",[148] und die sie einschließenden allgemeinsten Gleichungen sind nichts als „gekürzte Anweisungen auf ökonomisch geordnete Erfahrungen";[149] „die Nachbildung ist Ziel und Zweck der Physik, die Atome, Kräfte, Gesetze hingegen sind nur die Mittel, welche uns jene Nachbildung erleichtern, ihr Wert reicht nur so weit als ihre Hilfe".[150] Das heißt: jede andere Rolle ist mit ihrer heutigen subtilen Durchbildung unverträglich.[151]

Denn auch die im vorigen Abschnitt dargestellte Begriffskritik (und durch sie wiederum die Oekonomie) verschärft sich durch diese Situation. – Naturwissenschaftliche Begriffe schöpfen ihren Gehalt aus der Erfahrung, aus den durch die Erfahrung gegebenen Gesetzlichkeiten. Man spricht zwar von Masse, Kraft, von Wärmezustand u. dgl., „darunter ist aber nichts anderes zu verstehen, als die Gesamtheit des erfahrungsgemäß zu erwartenden Verhaltens. Man gibt dem einen Namen oder verknüpft ein Bild damit, aber mehr als eine Repräsentation der bekannten Vorgänge leistet das nicht. Man kann daraus nichts ableiten oder folgern, was die Erfahrung nicht gelehrt hätte".[152] So sagt Mach, und ohne weiteres war ihm zuzugeben, daß in einer Erfahrungswissenschaft die Orientierung der Begriffe in erster Linie sich nach diesen Grundlagen zu richten habe; nicht bewiesen fanden wir aber, daß damit alles zu Ende sein müsse, daß die Bedeutung der Begriffe nur in einem schlichten Hinweis auf die repräsentierten Erfahrungen bestände, ja im Gegenteil, wir fanden diese Forderung unhaltbar, wenn sie nicht noch anderweitig gestützt werde. Nun aber erwächst ihr aus dem zuletzt Gehörten tatsächlich eine solche Stütze:

Von seiner Definition der Masse sagt Mach[153], sie soll „die Abhängigkeit der Erscheinungen voneinander ermitteln und alle metaphysischen Unklarheiten beseitigen, ohne darum weniger zu leisten als irgend eine andere bisher übliche Definition", und ganz dasselbe gilt von denen der anderen Begriffe. Diese Abhängigkeit der Erscheinungen voneinander ist nun aber die funktionale. Und ihr fehlt, nach Mach, überhaupt jene Tendenz, über die bloße Beschreibung der Erscheinungen hinauszugehen, die wir am Ende des vorigen Abschnitts gegen ihn anführen konnten. Denn drücken die Gleichungen nichts als eine Verknüpfung aus, die die Berechnung gewisser Merkmale der Erscheinungen aus anderen gestattet, und liegen die Definitionen der Begriffe in diesen Gleichungen, so ist scheinbar auch ihre Bedeutung damit abgeschlossen, daß sie eine solche Verknüpfung der Erscheinungen ausdrücken oder ihr dienen.

Besonders hervorzuheben ist dies für die Begriffe der Kraft und des Dings, denn auf den zu Kraftbegriffen verfeinerten Eigenschaften der Dinge beruht ja deren kausales Wirken; fallen diese dahin, lösen sie sich in die Repräsentation funktionaler Beziehungen auf, die zudem mehr enthalten, schärfer Gefaßtes enthalten als sie, die dieses nur unvollständig zusammenfassen und auf einer primitiveren Stufe des Wissens gebildet wurden, so ist der Bildung von kausalen Relationen gleichzeitig der Boden entzogen und der Zweck genommen. – Und Mach zögert natürlich durchaus nicht, seine Anschauung auch auf diese Begriffe zu übertragen.

Schon im ursprünglichen (mechanischen) Sinne ist die Kraft einfach als beschleunigungsbestimmender Umstand zu definieren[154], mit den unbekannten Ursachen der Naturvorgänge hat dieser Begriff nichts zu schaffen, er bedeutet nichts in den Vorgängen Verborgenes, sondern einen meßbaren tatsächlichen Bewegungsumstand, das Produkt aus Masse und Beschleunigung.[155] Ein Körper übt auf einen anderen eine Kraft aus, heißt nichts anderes als daß der zweite Körper sofort eine gewisse Beschleunigung gegen den ersten zeigt, sobald er diesem gegenübertritt; der Begriff der Kraft drückt also nichts als eine gewisse Beständigkeit der Verbindung aus.[156] (Und die übrigen Kraftbegriffe sind nur Uebertragungen des ursprünglichen.)

Eine solche Beständigkeit der Verbindung macht aber auch den ganzen Kern des Substanzbegriffes aus; das bedingungslos Beständige nennen wir Substanz.[157] Nun gibt es aber eine wirklich bedingungslose Beständigkeit nicht, sondern alle vorkommenden Fälle von Beständigkeit sind Beständigkeiten der Verbindung oder Beziehung.[158] Wenn es beispielsweise heißt, derselbe Körper, welcher mit Chlor Kochsalz erzeugt, bildet mit Schwefelsäure Glaubersalz, so bedeutet dies eine Beständigkeit des Zusammenhanges oder der Abhängigkeit gewisser Reaktionen voneinander; eine Klasse von Objekten A gibt die Reaktionen a b c, weitere Beobachtung lehrt etwa noch die Reaktionen d e f kennen; wenn es sich nun zeigt, daß a b c das Objekt A für sich allein eindeutig charakterisieren und ebenso d e f dasselbe Objekt eindeutig charakterisieren, so ist damit die Verbindung der Reaktionen a b c mit den Reaktionen d e f an dem Objekt festgestellt.[159]

Diese „Beständigkeiten der Verbindung der Reaktionen aber, welche die physikalischen Sätze darlegen, sind die höchste Substanzialität, welche die Forschung bisher enthüllen konnte“;[160] „wenn eine Gleichung erfüllt ist, so liegt hierin eine erweiterte, verallgemeinerte substanzielle Auffassung. Es kommt im allgemeinen wenig darauf an, ob wir die Gleichungen der Physik als den Ausdruck von Substanzen (Gesetzen oder Kräften) ansehen, jedenfalls drücken sie funktionale Abhängigkeiten aus“.[161]

Dies ist also der naturwissenschaftlich verfeinerte Substanzbegriff; in ihm findet der gewöhnliche Dingbegriff erst seine gedankliche Durchbildung, und das Resultat gilt daher rückwirkend auch für diesen. Drückt also schon der wissenschaftliche Substanzbegriff keine wirkliche Beständigkeit aus, keine eigentlich substantielle, – d. h. ist die von ihm ausgedrückte nur die Beständigkeit einer Gruppe von funktionellen Abhängigkeiten, von Reaktionen, die da und dann auftreten, und keine Beständigkeit einer räumlich-zeitlich individuierten Einheit[162], so gilt dies selbstverständlich noch viel mehr von dem vulgären Dingbegriff. Auch er drückt nur eine relative Beständigkeit aus. Es gibt in der Natur kein unveränderliches Ding; das Ding ist eine Abstraktion, ein Symbol für einen relativ stabilen Komplex, von dessen dennoch bestehender Veränderlichkeit abstrahiert wird[163]; in Wahrheit verschwindet bald dieses, bald jenes Glied, erscheint verändert und kehrt eigentlich in voller Gleichheit niemals wieder, und nur weil der Uebergang stetig erfolgt, weil die Summe der beständigen Glieder in jedem Augenblick die der veränderlichen überwiegt, kann man glauben, daß auch bei Ausscheidung aller noch etwas übrig bliebe, und so zu dem Gedanken einer von ihren Merkmalen verschiedenen Substanz, eines Dinges an sich kommen.[164]

So gilt also, was wir im vorigen Abschnitt hörten, „alle physikalischen Begriffe sind gekürzte Anweisungen, die oft selbst wieder andere Anweisungen eingeschlossen enthalten, auf ökonomisch geordnete, zum Gebrauch bereit liegende Erfahrungen“,[165] auch hier, und wenn es einmal hier im Sinne von „bloßer Oekonomie“ gilt, so infolge der gekennzeichneten Bedeutung dieser Angriffsstelle überhaupt.[166]

Verstärkt wird dies noch dadurch, daß auch die Gleichungen, auf denen die Begriffsbildung ruht, nur etwas relativ Abgeschlossenes darstellen, wie sich zeigt, wenn man ihre Bedeutung auflöst. Zunächst indem man dies für die in ihnen auftretenden substanziellen Konstanten tut. „Die Gleichung pv/T = konst.“, sagt Mach, „gilt für einen gasförmigen Körper von unveränderlicher Masse, für welchen Druck, Volumen und Temperatur für alle Teile denselben Wert haben, und nur bei hinreichender Entfernung von den Bedingungen der Verflüssigung. Die Beschränkung, welche im Berechnungsgesetz $\sin\alpha/\sin\beta = n$ liegt, wird weiter eingeengt durch die Beziehung auf ein bestimmtes Paar von homogenen Stoffen, auf eine bestimmte Temperatur, auf eine bestimmte Dichte oder einen gewissen Druck, auf das Fehlen jeder magnetischen und elektrischen Potentialdifferenz innerhalb dieser Stoffe. Wenn wir ein physikalisches Gesetz auf einen bestimmten Stoff beziehen, so bedeutet dies, daß das Gesetz für einen Raum gelten soll, in welchem noch die bekannten Reaktionen dieses Stoffes nachweisbar sind. Diese ergänzenden Bestimmungen werden gewöhnlich durch den bloßen Namen des Stoffes gedeckt und verdeckt. Die physikalischen Gesetze, welche für den leeren Raum gelten, beziehen sich eben auch nur auf bestimmte Werte der elektrischen und magnetischen Konstanten usw.; durch Anwendung eines Satzes auf einen Stoff führen wir weitere Bestimmungen (Bedingungsgleichungen) ein, gerade so, als wenn wir von einem geometrischen Satz sagen, daß derselbe für ein Dreieck, für ein Parallelogramm oder für einen Rhombus gilt."[167]

Sodann – in gleichfalls schon erörtertem Sinne – für die Kräfte. „Es liegt im Sinne der Galilei-Newtonschen Mechanik", heißt es, die früheren Ausführungen ergänzend, „alle Verbindungen durch Kräfte ersetzt zu denken, welche die von den Verbindungen geforderten Bewegungen bestimmen. Man kann sich also auch umgekehrt vorstellen[168], daß alles, was uns als Kraft erscheint, von einer Verbindung herrührt. Bedenkt man nun, daß in beiden Fällen, ob Kräfte oder Verbindungen vorausgesetzt werden, die tatsächliche Abhängigkeit der Massenbewegungen voneinander für jede augenblickliche Konformation des Systems durch lineare Differentialgleichungen zwischen den Coordinaten der Massen gegeben ist, so kann man das Bestehen letzterer Gleichungen als das Wesentliche ansehen."[169]

Die heutige Physik strebt also danach, jede Erscheinung als Funktion anderer Erscheinungen und gewisser Raum- und Zeitlagen darzustellen.[170] Nun haben wir aber gehört, daß Raum und Zeit selbst wieder nur Begriffe für einen gewissen Zusammenhang von Erscheinungen sind; die Schwingungen eines Pendels beispielsweise gehen dann in der Zeit vor sich, wenn dessen Exkursion von der Lage der Erde abhängt[171], die Zeitmessung läuft also hier auf eine Winkel- oder Bogenmessung hinaus.[172] Denkt man sich nun den Verlauf verschiedener Tatsachen durch Gleichungen dargestellt, welche die Zeit enthalten, so kann aus ihnen die Zeit eliminiert (und etwa ein Temperaturüberschuß bei solcher Elimination durch den Fallraum bestimmt) werden; die Erscheinungen stellen sich dann einfach als abhängig voneinander dar[173]; die besondere Betonung von Raum und Zeit ist also überhaupt überflüssig, da Raum und Zeitbeziehungen wieder nur auf Abhängigkeiten der Erscheinungen hinauslaufen.[174]

Dadurch verweisen die Gleichungen der Physik aber auf einen ganz allgemeinen Zusammenhang. Denn eine Funktion der Zeit sein, heißt dann nur, von bestimmten Raumlagen abhängen, und alle Raumlagen sind Funktionen der Zeit, heißt: für das Weltall hängen alle Raumlagen voneinander ab; da aber die Raumlagen nur an den Zuständen erkannt werden können, können wir auch sagen, alle Zustände hängen voneinander ab.[175] In unseren Zeitvorstellungen drückt sich also der tiefgehendste und allgemeinste Zusammenhang der Dinge aus[176], ebenso aber auch in den räumlichen Vorstellungen, denn jede Bewegung eines Körpers K ist eine Beziehung zu anderen Körpern A B C ...[177] und schon, wenn man sagt, ein Körper behalte seine Richtung und Geschwindigkeit im Raume bei, liegt darin eine Anweisung auf Beachtung der ganzen Welt.[178]

Fassen wir zusammen: Wir haben bereits zugegeben, daß der Funktionsbegriff das eigentliche Vehikel der modernen Physik ist; wir gestanden zu, daß das Fundament der Begriffe in der Erfahrung gesucht werden müsse, daß die Gleichungen, die diese Erfahrungen beschreiben, in erster Linie funktional sind, und wir können uns nicht dagegen verschließen, daß Kraft, Ding, Kausalität in der wissenschaftlichen Darstellung stark in den Hintergrund treten oder, wenigstens ihrer ursprünglichen Form nach, aus ihr verschwinden.

Allein was bedeutet dies? – Man kann solche Begriffe nicht gut vermeiden, zumindest verhindert dies die Umständlichkeit einer anderen Ausdrucksweise; auch Mach bedient sich ihrer für den „Hand- und Hausgebrauch“.[179] Andererseits liegen diese Begriffe nicht nur in der physikalischen, sondern auch in der philosophischen Interessensphäre. Von den ungleichen Erfolgen beider Wissenschaften ganz abgesehen, drängt daher schon das methodische Interesse nach einer Scheidung der Anteile. Es ist also ganz natürlich, daß der Physiker strebt, das von ihm Erreichte vor philosophischen Ueberraschungen zu sichern, seine Gesetze, Kräfte, stofflichen Konstanten usw. von ihrer weiteren philosophischen Verarbeitung und Fundierung unabhängig zu machen. Das natürliche Mittel dazu ist eine scharfe Abgrenzung. Etwa so, daß man sagt: Mag dieses X zuletzt sein, was es wolle, für mich, den Physiker, ist es nur das, als was es in meinen Gleichungen fungiert. –

Dieses Streben ist alt. Schon Newton gebraucht in seinem Sinne das Wort Kraft nur für die unbekannte Ursache bekannter Vorgänge; weiter geht er nicht; er will mit dieser Begriffsbildung jedoch nicht der Diskussion vorgreifen, sondern nur die bisher erhaltenen Resultate so fixieren, daß sie für sich bestehen bleiben, gleichgültig, welche Fundamente ihnen späterhin noch unterlegt werden. Ebenso schreibt Fechner: Kraft ist der Physik überhaupt weiter nichts als ein Hilfsausdruck zur Darstellung der Gesetze des Gleichgewichts und der Bewegung, welche beim Gegenüber von Materie und Materie gelten; nichts als das Gesetz kennt der Physiker von der Kraft, durch nichts sonst weiß er sie zu charakterisieren. Und aus der letzten Zeit ist Kirchhoff zu nennen, der, ermüdet von dem unfruchtbaren Streit über Kraft und Materie, ihre Natur, ihr gegenseitiges Verhältnis u. dgl., diese Fragen von der Mechanik (ihrem Mutterboden) dadurch ausschloß, daß er als die Aufgabe dieser Wissenschaft die einfachste unzweideutigste Beschreibung der Bewegungen der Körper hinstellte und das Wort Kraft statt für eine metaphysische Bewegungsursache lediglich als Namen für gewisse algebraische Ausdrücke gebrauchte, die bei der Beschreibung der Bewegungen ständig vorkommen. In dieselbe Richtung fällt dann die Hertzsche Darstellung der Mechanik, z. T. die energetische Behandlungsweise der Physik, die Maxwellsche Elektrizitätstheorie u. a.

Allein so sehr dies für Mach zu sprechen scheint und obwohl er sich nicht nur auf die modernen Darstellungsweisen beruft, sondern sogar auf direkte Aussprüche von Kirchhoff und anderen Physikern[180], so ist dies alles tatsächlich doch noch sehr von seinen Bestrebungen zu unterscheiden. Denn wenn man sagt: ich als Physiker kann mich mit diesem Gegenstande nur in dieser Bedeutung befassen, so ist das bloß eine Wandlung der Aufgabe, aber noch keine der Sache, es schließt andere Interessen keineswegs aus, das Betonen des spezifisch physikalischen Standpunkts enthält durchaus noch keine „antimetaphysische“ Tendenz.

Damit kommen wir aber auf das eigentlich Entscheidende, auf das Spezifische der Machschen Position, auf das, was nicht mehr der modernen Physik schlechtweg, sondern speziell nur ihm eigentümlich ist. Er sagt, die besprochenen Begriffe verschwinden nicht nur von der Oberfläche, sondern sie fallen überhaupt aus; sie sind auf Grund der Sachlage sowohl unmöglich als auch überflüssig, denn das wissenschaftliche Weltbild ist auch ohne sie vollständig in sich geschlossen.

Das alles soll in den funktionalen Gleichungen liegen. Aber, fragen wir uns, was ist ihnen denn eigentlich zu entnehmen? Sie zielen auf die Berechnung gewisser Merkmale auseinander; Mach wendet dies so, daß diese Abhängigkeit nur als logische erscheint, daß statt der Ursache nur die Rolle des Erkenntnisgrundes bleibt. Aber dies ist eine unvollständige Betrachtungsweise. Denn selbstverständlich entspricht auch der in einer funktionalen Gleichung ausgedrückten Verknüpfung eine reale Abhängigkeit in der Natur, und wenn es gelingt, die Begriffe Kraft, Substanz, Kausalität u. dgl. auf Grund solcher funktionaler Gleichungen auszugestalten, so wird für diese Begriffe das gleiche gelten. Dabei tut es gar nichts zur Sache, ob diese Begriffe in den speziellen historischen Formen, die Mach angreift, unhaltbar sind oder nicht, denn wir haben es hier nicht mit den Resultaten spezieller Bemühungen zu tun, sondern mit deren Existenzberechtigung überhaupt, und man muß zudem bedenken, daß diese Begriffe sehr wandlungsfähig sind und ihre Ausbildung noch nicht abgeschlossen ist.

Aus diesem Grunde ist auch der Gedanke, dem wir bei Besprechung des Substanzbegriffes begegneten, daß diesem in der Natur keine wirkliche Beständigkeit entspreche, nicht entscheidend. Denn wenn wir den Inhalt dieses Einwandes prüfen, so kommt er darauf hinaus, daß das vom Substanzbegriff mit den modernen Mitteln Festgestellte nicht das Verharren einer zeitlich-räumlich individuierten Einheit, sondern das einer „Gruppe" funktioneller Abhängigkeiten sei, die als Reaktionen „da und dann" auftreten; es besteht aber gar keine Nötigung (zumindest weist Mach keine nach), den philosophischen Substanzbegriff gerade auf die von ihm angegriffene Form festzulegen. Ist dadurch allein schon dem Angriff die Spitze genommen, so schwindet seine Berechtigung noch weiter durch die Ueberlegung, daß ja schon in jener Beständigkeit der Reaktionen, von der Mach selbst spricht, ein Hinweis auf ein Beharrendes und in der ständigen Zusammengehörigkeit und Wechselbeziehung einer Gruppe von Gleichungen ein Hinweis auf ein die durch sie ausgedrückten Beziehungen einigendes reales Moment liegt, um so mehr, wenn man, wie Mach, das Wesen der Gleichungen in einer Nachbildung der Tatsachen erblickt. Gleichgültig, wie dieses korrespondierende Reale bei genauerer erkenntnistheoretischer Analyse der ganzen Beziehung zu denken sein wird, darf man es also auch schon jetzt nicht vernachlässigen, ohne einfach eine Frage unberücksichtigt zu lassen, deren Stellung durch die Tatsachen gefordert ist.

Und das gleiche gilt für den zweiten angegriffenen Fundamentalbegriff, den der Kausalität; auch auf ihn wird man schon durch die Tatsachen selbst verwiesen. Beispielsweise ist durch die betreffende Gleichung rein funktional ein gewisser Arbeitsbetrag an einen bestimmten Wärmebetrag geknüpft; daneben gilt aber auch, was sich allerdings nicht in der Gleichung ausdrückt, wohl aber zu ihrer Diskussion gehört, daß etwa Reibung Wärme erzeugt, Wärme aber nicht – bezw. nur auf einem ganz anderen, indirekten Wege – Reibung. Die Voraussetzung, daß sich alle solchen einsinnigen, gerichteten Zusammenhänge in simultane, invertible auflösen lassen, ist vorläufig Zukunftsmusik, aber auch wenn der genau erforschte Zusammenhang so sein sollte, wie es Mach in dem Beispiel des Schusses voraussetzt, so würde dies noch nicht ausschließen, daß kausale Relationen zwischen Gliedern solcher Prozesse bestehen, die eben nicht unmittelbar benachbart sind. Das ist Sache der Durchbildung der Kausalität. Mach selbst erwähnt die Tatsache, daß, wenn zwei physikalische Größen zusammenhängen, wohl der Aenderung der einen eine der anderen entsprechen könne, daß dies aber nicht immer auch umgekehrt der Fall sein müsse.[181] Wertänderungen physikalischer Größen finden unter Umständen nur in einem bestimmten Sinne statt. „Von den beiden analytischen Möglichkeiten ist nur die eine wirklich. Ein metaphysisches Problem brauchen wir hierin nicht zu sehen," sagt Mach.[182] Aber zweifellos liegt in der Tatsache, daß hier nur die eine analytische Möglichkeit wirklich ist, in anderen Fällen aber beide einen physikalischen Sinn haben, etwas, das über die bloß funktionale Abhängigkeit hinausweist.[183] Eine tatsächliche Grundlage der so einfach ausgemerzten Begriffe ist also jedenfalls doch vorhanden. Und diese tatsächliche Grundlage ist es, die Mach nirgends genügend in Rechnung stellt. Er behandelt die Gleichungen lediglich als rechnerische Hilfen, als denkökonomische Mittel, die „nur logische" Abhängigkeit behandelt er, wie wir im nächsten Abschnitt noch deutlicher sehen werden, wie eine willkürliche. Dann freilich erscheinen auch die auf solchen Gleichungen ruhenden Begriffe ohne sachliche Unterlage, gleichsam nur als fliegende Stützen, die man aufstellt und abbricht, wo es einem gut erscheint. Aber das ist eine Ueberspannung der Sachlage.

Oder sollte der Hinweis auf den allgemeinen Zusammenhang sie retten? Alle Zustände hängen voneinander ab, haben wir gehört. Ohnedies setzen die Begriffe die Gleichungen, die Gleichungen aber die Begriffe voraus. Liegt es da nicht nahe, daß beides nur Provisorien sind, daß wir mit beiden nichts tun, als gewisse dennoch nicht völlig loslösbare Momente aus dem allgemeinen Zusammenhang herauszugreifen?[184] In der Tat ist dies der Sinn; eine Art πἀνταῥεῖ. Er spielte schon in den vorigen Abschnitt hinein, wir haben aber dort schon und in der Folge hervorgehoben, daß in dem allgemeinen Flusse der Erscheinungen gleichfalls sehr bestimmte Anhaltspunkte zur Bildung gewisser – sehr wohl „durch die Erfahrungen kontrollierbarer"[185], weil auf ihnen als Grundlage aufgebauter – Begriffe liegen. Um im Herakliteischen Gleichnis zu bleiben: der Fluß der Erscheinungen zeigt gewisse Eigentümlichkeiten der Strömung, die die Annahme fester, richtunggebender Gefüge erschließen lassen, auch wenn diese nicht unmittelbar sichtbar sind. Dem entgegen betont Mach Anhaltspunkte, die auf eine immer weitere Auflösung hinweisen. Aber man kann es wenden, wie man will, berücksichtigt man die Schwierigkeiten, auf die wir bei jedem Schritt dieses Weges Machs verweisen konnten, und die stets übrig gebliebenen Möglichkeiten des Andersseins, so ergeben sich aus seinen Ausführungen wohl Einwände, Direktiven, Anhaltspunkte, aber keine stringenten Nachweise.

Andrerseits mußten auch wir uns in dem gegebenen Rahmen mit Hinweisen und Andeutungen begnügen. Alles in Allem stehen sich daher hier zwei Ansichten gegenüber. Beide glauben sich nach den Erfahrungen zu richten, aber die eine weist nach links, die andere nach rechts. Auf eine Widerlegung Machs durch Ausbau der entgegenstehenden Ansicht müssen wir verzichten, denn wir wollen hier weder mit eigenen Untersuchungen einsetzen, noch auch uns bloß auf fremde berufen, die Mach vielleicht gar nicht anerkennt. Also bleibt uns nur übrig nachzuprüfen, ob die Machsche

Anschauungsweise zumindest in sich selbst genügend gefestigt und in wenigstens widerspruchsfreier Weise ausgebaut sei.

Daß dem nicht so ist, werden wir durch noch eingehendere Betrachtung im nächsten Abschnitt feststellen können.

5. Ergänzung der Bedeutung des Begriffs „funktionale Verknüpfung" durch Leugnung der Naturnotwendigkeit. Die Elemententheorie. Endgültige Widersprüche.

Wir gelangten im vorigen Abschnitt zu der Ansicht, daß Mach die funktionale Verknüpfung ausschließlich unter dem Gesichtspunkt von Erkenntnisgrund und -Folge betrachtet und zudem übersieht, daß auch eine logische Verknüpfung nur dann einen Erkenntnisgrund abgeben kann, wenn sie durch eine sachliche Grundlage gerechtfertigt ist.

Wir werden diese Interpretation, die uns zum Verständnis der Machschen Haltung notwendig schien, nun weiter untersuchen und werden sehen, daß sie tatsächlich zutrifft.

Man höre zunächst folgende Ausführungen, die die im vorigen Abschnitt bereits wiedergegebenen über Kausalität ergänzen: Mach knüpft dabei an Humes Satz an, daß der Grund aller kausalen Urteile nur in einer gewohnheitsmäßigen Erwartung liege. Er fügt dem hinzu, daß wir daher auch je nach den Umständen über die Verknüpfung zweier Tatsachen sehr verschieden urteilen: manchmal denken wir kaum an ihre Möglichkeit, manchmal stehen wir geradezu unter einem psychischen Zwang, erscheint sie uns notwendig. Und er interpretiert dies so: es erscheint z. B. eine bestimmte Wurfbahn mit Notwendigkeit an die Anfangsgeschwindigkeit und -Richtung geknüpft. In der Tat nun ist der Vorgang damit gegeben, wenn er den bekannten phoronomischen Gesetzen entspricht; dann wird die gerichtete Anfangsgeschwindigkeit zum Erkenntnisgrund, aus dem sich die Bahnelemente als logisch notwendige Folge ergeben. Diese logische Notwendigkeit fühlt man nun freilich, man muß aber auch daran denken, daß sie nur unter der angegebenen Bedingung besteht und daß deren Erfülltsein einfach durch die Erfahrung gegeben ist, ohne im geringsten auf einer Notwendigkeit zu beruhen.[186]

Man kann schon hieraus entnehmen, wie ausschließlich Mach bloß die Notwendigkeit der logischen Abfolge hervorhebt und eine andere gar nicht gelten läßt. Und ebenso heißt es an anderen Stellen: „Wenn ich finde, daß eine physikalische Tatsache sich so verhält wie meine Rechnung oder meine Konstruktion, so kann ich nicht zugleich das Gegenteil annehmen. Ich muß also den physikalischen Erfolg mit derselben Sicherheit erwarten, mit welcher ich das Ergebnis der Rechnung oder Konstruktion als richtig ansehe. Diese logische Notwendigkeit ist aber selbstredend wohl zu unterscheiden von der Notwendigkeit der Voraussetzung des Parallelismus zwischen der physikalischen Tatsache und der Rechnung, welche letztere stets auf einer gewöhnlichen sinnlichen Erfahrung beruht. Auf der Uebung die Vorstellung der Tatsachen mit jener ihres allseitigen Verhaltens fest zu verbinden, beruht die starke Erwartung eines bekannten Erfolges, der dem Naturforscher wie eine Notwendigkeit erscheint. So bildet sich das heraus, was man gewöhnlich als Gefühl für die Kausalität bezeichnet."[187] Ferner: „Der physikalische Tatsachenkomplex ist einfach oder läßt sich wenigstens in vielen Fällen durch das Experiment so einfach gestalten, daß die unmittelbaren Zusammenhänge sichtbar werden. Haben wir uns nun durch genügende Beschäftigung mit diesem Gebiete Begriffe von der Art dieser Zusammenhänge erworben, die wir für den Tatsachen allgemein entsprechend halten, so müssen wir mit logischer Notwendigkeit erwarten, daß auch jede vorkommende Einzeltatsache diesen Begriffen entspricht. Hierin liegt aber keine Naturnotwendigkeit. Das ist das „kausale" Verständnis."[188] Endlich wird aber direkt gesagt: „Es gibt nur die logische Notwendigkeit: wenn der Tatsache A gewisse Eigenschaften zukommen, so kann ich nicht zugleich davon absehen. Daß sie ihr aber zukommen, ist einfach eine Erfahrungstatsache. Eine physikalische Notwendigkeit existiert nicht."[189]

Sucht man die Bedeutung dieser Aussprüche zu fassen, so kann daher gar kein Zweifel herrschen, daß Mach – wie schon erwähnt – für eine Notwendigkeit nur die logische hält und daß er in dieser überdies anscheinend nur eine psychologische sieht, denn, heißt es, wenn man finde, daß A das Verhalten B zeige, daß A B sei usw., so könne man nicht zugleich davon absehen, müsse man mit Notwendigkeit erwarten u. dgl.[190] Weniger klar ist es, was Mach eigentlich zu dieser Einschränkung und zu dieser Verwechslung bewegt und welchen Sinn er selbst damit verbindet.

Wir betrachten daher zunächst einen ergänzenden Gedankengang, dessen Kern etwa folgender ist: „Erklären heißt Zurückführen komplizierter Tatsachen auf möglichst wenige und einfache. Diese einfachsten Tatsachen sind an sich immer unverständlich, d. h. nicht weiter zerlegbar, z. B. die, daß eine Masse einer anderen eine Acceleration erteilt. Es ist nun nur eine ökonomische Frage und eine Frage des Geschmacks, bei welchen Unverständlichkeiten man stehen bleiben will. Man täuscht sich gewöhnlich darin, daß man meint, Unverständliches auf Verständliches zurückzuführen. Allein das Verstehen besteht eben im Zerlegen. Man führt ungewöhnliche Unverständlichkeiten auf gewöhnliche Unverständlichkeiten zurück. Man gelangt schließlich immer zu Sätzen von der Form, wenn A ist, ist B, also Sätzen, die aus der Anschauung folgen müssen, die also nicht weiter verständlich sind."[191] Das heißt also, eine Erklärung, ein Verstehen, ist nichts als ein Zurückführen auf Bekanntes, ein Zerlegen in Einfaches. „Es handelt sich immer nur darum, in allen Tatsachen dieselben Elemente zu erkennen, oder, wenn man will, in einer Tatsache die Elemente einer anderen, schon bekannten wiederzufinden,“[192] sagt Mach, denn, „wenn wir ein Gebiet von Tatsachen zum erstenmal überschauen, erscheint es uns mannigfaltig, ungleichförmig, verworren und widerspruchsvoll. Es gelingt zunächst nur, jede einzelne Tatsache ohne Zusammenhang mit den übrigen festzuhalten. Das Gebiet ist uns, wie wir sagen, unklar. Nach und nach finden wir die einfachen, sich gleich bleibenden Elemente der Mosaike, aus welchen sich das ganze Gebiet in Gedanken zusammensetzen läßt. Sind wir nun soweit gelangt, überall in der Mannigfaltigkeit dieselben Tatsachen wieder zu erkennen, so fühlen wir uns in diesem Gebiete nicht mehr fremd, wir überschauen es ohne Anstrengung, es ist für uns erklärt.“[193] Denn in der Tat halten wir einen „Vorgang für erklärt, wenn es uns gelingt, in demselben bekannte einfache Vorgänge zu erblicken;“[194] „wird einmal die Erfahrung“ die „Tatsachen klargelegt und die Wissenschaft sie ökonomisch übersichtlich geordnet haben, dann ist nicht zu zweifeln, daß wir sie auch verstehen werden; denn ein anderes Verstehen als Beherrschung des Tatsächlichen in Gedanken hat es nie gegeben. Die Wissenschaft schafft nicht eine Tatsache aus der anderen, sie ordnet aber die bekannten.“[195] Mach stützt sich dabei auf naturwissenschaftliche Beispiele, deren einige wir nun wiedergeben, um zu sehen, in welcher Hinsicht er dies tun kann: Archimedes leitete seinen allgemeinen Hebelsatz (Gleichheit des Produktes von Last und Hebelarm beiderseits des Aufhängepunktes als charakteristisch für den Gleichgewichtsfall) aus dem von ihm als selbstverständlich hingestellten Satze ab, daß gleich schwere Größen in gleicher Entfernung vom Unterstützungspunkte wirkend im Gleichgewicht sein müssen. Er hält also tatsächlich den Fall für erklärt, „wenn es gelingt, in demselben bekannte einfachere Vorgänge zu erblicken“.[196] In Wirklichkeit ist aber auch der einfache Satz nicht selbstverständlich, denn um ihn anzunehmen, muß man schon eine Menge von Voraussetzungen machen, wie daß die Stellung des Beschauers, Vorgänge in der Nachbarschaft u. dgl. keinen Einfluß üben.[197] Er ist also tatsächlich nur der Ausdruck einer Erfahrung, und die Erklärung mit seiner Hilfe erscheint als eine Reduktion auf eine bekannte, aber an sich ebenso uneinsichtige Tatsache, wie es die abgeleitete ist. Ebenso steht es aber auch selbst mit den umfassendsten Gesetzen, die die Deduktion ganzer Erfahrungsgebiete gestatten, wie etwa dem Prinzip der virtuellen Verschiebungen. Es läßt sich nachweisen, daß auch diese nicht mehr enthalten als die Anerkennung irgend einer fundamentalen Tatsache, hier z. B. der, daß bestimmte Naturvorgänge von selbst nur in einem und nicht im entgegengesetzten Sinn ablaufen[198], speziell daß schwere Körper sich von selbst nur abwärts bewegen.[199] Des Beispiels der Erklärung der Planetenbewegungen durch das Gravitationsgesetz gedachten wir schon früher, es gehört aber auch hieher. Zu erklären sind die durch Kepler beschriebenen Bahnen der Planeten. Newton denkt sich ihre Bewegung so, wie wenn sie an einem Faden kreisen würden; da die Rechnung dann die dazu nötige Fadenspannung ergibt, kann er konstatieren, daß sich die Planeten so bewegen wie schwere Körper, die man an einem Faden von bestimmter Spannung umschwingt, daß also die irdische Schwere auch auf sie Anwendung findet.[200] Ersetzt man nun die Fadenspannung durch die Voraussetzung der bloßen Spannung bezw. Anziehung zwischen den einzelnen Massenteilchen, wie sie durch die bekannte Formel für die Größe der Gravitation ausgedrückt wird, so ändert sich dadurch nichts an dem Charakter des ganzen Zusammenhanges als der Konstatierung einer Tatsache, genauer als der generellen Beschreibung einer Tatsache in den Elementen.[201]

Mach bemerkt ferner zu solchen Beispielen: „Der Beweis der Richtigkeit einer neuen Regel kann dadurch erbracht werden, daß diese Regel oft angewandt, mit der Erfahrung verglichen und unter den verschiedensten Umständen erprobt wird. Dieser Prozeß vollzieht sich im Lauf der Zeit von selbst. Der Entdecker wünscht aber rascher zum Ziel zu kommen. Er vergleicht das Ergebnis seiner Regel mit allen ihm geläufigen Erfahrungen, mit allen älteren bereits vielfach erprobten Regeln, und sieht nach, ob er auf keinen Widerspruch stößt. Archimedes beweist in der angedeuteten Art sein Hebelgesetz, Stevin sein Gesetz des schiefen Druckes, Daniel Bernoulli das Kräfteparallelogramm, Lagrange das Prinzip der virtuellen Verschiebungen. Nur Galilei ist sich bei letzterem Satz vollkommen klar darüber, daß seine neue Beobachtung und Bemerkung jeder anderen älteren ebenbürtig sei, daß sie aus derselben Erfahrungsquelle stamme. Er versucht gar keinen Beweis. Es ist ganz in der Ordnung, daß bei Gelegenheit einer neuen Entdeckung alle Mittel herangezogen werden, welche zur Prüfung einer neuen Regel dienen können. Wenn aber die Regel nach Verlauf einer entsprechenden Zeit genügend oft direkt erprobt worden ist, geziemt es der Wissenschaft zu erkennen, daß ein anderer Beweis ganz unnötig geworden ist, daß es keinen Sinn hat, eine Regel für mehr gesichert zu halten, indem man sie auf andere stützt, welche (nur etwas früher) auf ganz demselben Wege der Beobachtung gewonnen worden sind, daß eine besonnene und erprobte Beobachtung so gut ist als eine andere.... In der Tat führt diese Sucht, zu beweisen, in der Wissenschaft zu einer falschen und verkehrten Strenge. Einige Sätze werden für sicherer gehalten und als die notwendige und unanfechtbare Grundlage anderer angesehen, während ihnen nur der gleiche oder zuweilen sogar nur ein geringerer Grad der Sicherheit zukommt. Eben die Klarlegung des Grades der Sicherheit, welchen die strenge Wissenschaft anstrebt, wird hierbei nicht erreicht."[202] „Wie kann nun," fragt sich Mach weiter, „der Eindruck entstehen, daß eine Erklärung mehr leistet als eine Beschreibung? Wenn ich zeige, daß ein Vorgang A sich so verhält wie ein anderer mir besser vertrauter B, so wird mir A hiermit noch vertrauter, ebenso wenn ich zeige, daß A aus der Folge oder dem Nebeneinander der mir bereits bekannten B C D besteht.[203] Hiermit ist aber nur ein Tatsächliches durch ein anderes

Tatsächliches, eine Beschreibung durch andere und vielleicht schon besser bekannte Beschreibungen ersetzt. Die Sache kann mir dadurch geläufiger werden, es kann sich dadurch eine Vereinfachung ergeben, im Wesen derselben tritt aber keine Aenderung ein. Fragen wir, wann uns eine Tatsache klar ist, so müssen wir sagen, dann, wenn wir dieselbe durch recht einfache, uns geläufige Gedankenoperationen nachbilden können."[204]

Wir wollen nun gleich ohne Unterbrechung einen dritten Gedankengang anreihen, der mit den bisherigen zusammengehört; Mach betrachtet die Naturgesetze als bloße Tabellen einzelner Tatsachen, Ableitungsregeln, Herstellungsregeln, kompendiöse Anweisungen für das Gedächtnis. Eine Reihe markanter Aeußerungen möge dies deutlich machen:

„Wenn uns alle Tatsachen unmittelbar zugänglich wären, so wie wir nach Kenntnis derselben verlangen, so wäre nie eine Wissenschaft entstanden. Weil das Gedächtnis des Einzelnen ein beschränktes ist, muß das Material geordnet werden. Dies geschieht durch eine Ableitungsregel. Diese ersetzt die riesige Tabelle. Sie („diese Ableitungsregel, diese Formel, dieses Gesetz") hat nun nicht im mindesten mehr sachlichen Wert als die einzelnen Tatsachen zusammen. Ihr Wert liegt bloß in der Bequemlichkeit des Gebrauchs, ist ein ökonomischer."[205] Und ganz ähnlich sind die folgenden Ausführungen: „Wenn ein Anatom, die übereinstimmenden und unterscheidenden Merkmale der Tiere aufsuchend, zu einer immer feineren Klassifikation gelangt, so sind die einzelnen Tatsachen, welche die letzten Glieder des Systems darstellen, doch so verschieden, daß dieselben einzeln gemerkt werden müssen. Die Physik hingegen zeigt uns ganze große Gebiete qualitativ gleichartiger Tatsachen, die sich nur durch die Zahl der gleichen Teile, in welche deren Merkmale zerlegbar sind, also nur quantitativ unterscheiden. Hier ist die Klassifikation eine so einfache Aufgabe, daß sie als solche meist gar nicht zum Bewußtsein kommt und selbst bei unendlich feinen Abstufungen, bei einem Kontinuum von Tatsachen, liegt das Zahlensystem im voraus bereit, beliebig zu folgen. Die koordinierten Tatsachen sind hier sehr ähnlich und verwandt, ebenso deren Beschreibungen, welche in einer Bestimmung der Maßzahlen gewisser Merkmale mittels geläufiger Rechnungsoperationen, d. i. Ableitungsprozessen bestehen. Hier kann also das Gemeinsame aller Beschreibungen gefunden, damit eine zusammenfassende Beschreibung oder eine Herstellungsregel für alle Einzelbeschreibungen angegeben werden, die wir eben das Gesetz nennen."[206] „Isolierten Tatsachen gegenüber bleibt nichts übrig, als dieselben einfach im Gedächtnis zu behalten. Kennt man jedoch ganze Gruppen von untereinander verwandten Tatsachen von der Art, daß die beiden zusammengehörigen Merkmale A und B derselben je eine Reihe bilden, deren Glieder sich nur durch die Zahl der gleichen Teile unterscheiden, in welche sich dieselben zerlegen lassen, so kann man eine bequemere Uebersicht und gedankliche Darstellung gewinnen. Sowohl die Einfallswinkel (A) als auch die Brechungswinkel (B) einer Reihe von einfallenden Strahlen, sowohl die Temperaturüberschüsse (A) als die Temperaturverluste per Minute (B) abkühlender Körper lassen sich in gleiche Teile zerlegen, und jedem Glied der Reihe A ist ein Glied der Reihe B zugeordnet. Eine systematisch geordnete Tabelle kann nun die Uebersicht erleichtern, das Gedächtnis unterstützen oder vertreten. Hier beginnt die quantitative Forschung, welche, wie man sieht, ein Spezialfall der qualitativen Untersuchung ist, der nur auf Tatsachenreihen von einer besonderen Art der Verwandtschaft anwendbar ist. Eine neue Erleichterung tritt ein, wenn die ganze Tabelle durch eine kompendiöse Herstellungsregel ersetzt werden kann, wenn man z. B. sagen kann: Multipliziere den Temperaturüberschuß des abkühlenden Körpers mit dem Koeffizienten μ, so erhältst du den Temperaturverlust μ.μ per Minute."[207] „Es ist schon bemerkt worden, daß quantitative wissenschaftliche Aufstellungen als einfachere und zugleich umfassendere Spezialfälle qualitativer Aufstellungen anzusehen sind. Zink gibt in verdünnter Schwefelsäure eine farblose, Eisen eine blaßblaugrüne, Kupfer eine blaue Lösung, Platin gar keine. Ist ein Glas in einem mit Manometer und Thermometer versehenen Gefäß eingeschlossen, so finde ich für verschiedene Thermometeranzeigen verschiedene Manometerstände. Auch hier habe ich zunächst eine Reihe verschiedener Fälle, die jedoch untereinander große Aehnlichkeit haben und sich nur durch die Zahl der Längeneinheiten der Manometersäule unterscheiden. Trage ich in einer Tabelle zu jedem Thermometerstand den Manometerstand ein, so folge ich eigentlich nur dem Schema bei obiger chemischer Aufstellung. Allein ich habe schon den Vorteil, daß die Thermometer- und Manometerstände je eine Reihe bilden, deren Glieder ich durch Anwendung des Zahlensystems ohne neue Erfindung in beliebig feiner Weise unterscheiden kann. Ein weiterer Blick lehrt mich, daß die einzelnen in der Tabelle dargestellten Fälle untereinander die große Aehnlichkeit zeigen, daß jeder Manometerstand aus dem Thermometerstand durch eine einfache Zähloperation gewonnen werden kann, daß diese Operation für alle Fälle in der Art übereinstimmt, daß demnach die ganze Tabelle durch eine zusammenfassende Herstellungsregel derselben:

$$p = p_0 \quad \frac{(1+t)}{273}$$

ersetzt und überflüssig gemacht werden kann. U. s. w."[208] „Bei höher entwickelten Wissenschaften gelingt es, die Nachbildungsanweisungen für sehr viele Tatsachen in einen einzigen Ausdruck zu fassen. Statt z. B. die verschiedenen vorkommenden Fälle der Lichtbrechung uns einzeln zu merken, können wir alle vorkommenden sofort nachbilden oder vorbilden, wenn wir wissen, daß der einfallende, der gebrochene Strahl und das Loth in einer Ebene liegen und $\sin \alpha / \sin \beta = n$ ist. Wir haben dann statt der unzähligen Brechungsfälle bei verschiedenen Stoffkombinationen und Einfallswinkeln nur diese Anweisung und die Werte derselben zu merken, was viel leichter angeht. Die ökonomische Tendenz ist hier unverkennbar. In der Natur gibt es auch kein Brechungsgesetz, sondern nur verschiedene Fälle der Brechung. Das Brechungsgesetz ist eine zusammenfassende konzentrierte Nachbildungsanweisung für uns, und zwar nur bezüglich der geometrischen Seite der Tatsache."[209] Von der Herstellungsregel oder Anweisung wird aber überdies noch bemerkt: „Das praktische Bedürfnis erfordert eine geläufige und sichere Anwendung der wissenschaftlichen Aufstellungen. Diese wird gefördert, indem man neue Beziehungen auf bereits bekannte zurückführt. Weist man aus praktischen Gründen darauf hin, daß eine Tatsache A sich so verhält wie eine uns geläufigere B, so kann letztere auch eine persönliche Tätigkeit, eine Rechnungsoperation oder geometrische Konstruktion sein. Die Fallräume verhalten sich wie die Zahlen, die wir durch Quadrieren der Zeitmaßzahlen erhalten, die Temperaturen von Mischungen wie arithmetische Mittel usw. Je geläufiger uns solche Operationen und je einfacher sie sind, desto mehr sind wir befriedigt, desto geringer ist das Bedürfnis nach weiterer Aufklärung, desto besser verstehen wir die Aufstellung. Die ganze Eigenart, Sicherheit und Geläufigkeit arithmetischer Operationen überträgt sich auf die Kenntnis der durch dieselben dargestellten Tatsachen."[210]

Ueberblicken wir nun diese drei zueinander gehörigen Gruppen von Gedanken; wir haben sie mit Absicht ausführlich wiedergegeben, denn erstens sind sie von größter Bedeutung für das ganze System, dessen erkenntnistheoretische Grundlagen durch sie vollendet werden müssen. Zweitens lag uns daran, einfach durch sie selbst zu zeigen, daß es ihnen dazu an Klarheit und Geschlossenheit gebricht.

Klar ist eigentlich nur das eine, was wir schon längst gesehen haben, daß sich überall die psychologische Betrachtungsweise vordrängt. Es wird von dem „Fühlen" einer Notwendigkeit gesprochen, von gewohnheitsmäßigen, starken „Erwartungen", von denen man „nicht absehen" könne, als Erklärung wird ein Zerlegen in Bekanntes betrachtet, weil wir dann nicht mehr „überrascht", „erstaunt" seien, weil wir dann mit herabgeminderter Anstrengung das betr. Gebiet „überschauen" können, klar wird eine Tatsache genannt, die durch recht einfache und geläufige Gedankenoperationen nachgebildet werden kann, ein Beweis wird nur als ein Aequivalent für wiederholte Akte direkter Erprobung betrachtet u. dgl. Und vom Naturgesetz wird eigentlich nur das algebraische Symbol, die Ableitungsregel, die Nachbildungsanweisung, „die wir eben das Gesetz nennen", betrachtet.

Nun ist die psychologische Betrachtung all dieser Gegenstände ja sicher statthaft, und was Mach darüber sagt, daß man eben auch von dieser Seite mit einer Untersuchung einsetzen könne[211], ist ohne weiteres zuzugeben. Es fragt sich aber, ob dies auch hier der Sinn ist? Und keinesfalls ist er dies, wenigstens nicht der, den der Zusammenhang erfordert. Denn wir wollen und müssen ja erfahren, warum es n u r logische (= psychologischer) Notwendigkeit, n u r Ordnen statt Erklären, n u r Tabellen für uns statt Gesetzen für die Sache geben kann; einzig und allein der Nachweis solcher Ausschließlichkeit kann für uns von Bedeutung sein, während es ganz irrelevant bleibt, ob neben dem sachlich notwendigen Zusammenhange auch noch eine subjektive Seite und Funktion der Naturwissenschaft ins Spiel kommt. Ueberlegt man sich dies, so ist aus den gehörten Ausführungen zwar auch nicht ohne weiteres ein bestimmter Sinn zu entnehmen, wohl aber kommen nur folgende Bedeutungen in Betracht:

1. Können sie sagen wollen, daß es in der Natur nichts unserem Begriffe von Notwendigkeit (zu ergänzen: der nur der inneren Wahrnehmung eigen und daher ein logischer, bezw. psychologischer ist) Adäquates gibt. Das würde heißen, wir sehen zwar in der Natur Verknüpfungen, die so regelmäßig sind, als ob sie notwendig wären, aber eine weitere Einsicht in diese Naturnotwendigkeit fehlt uns, jedes Verstehenwollen ist sinnlos, zumal jedes durch Uebertragung des aus dem Innenleben gewonnenen Begriffs der Notwendigkeit. Steht man einmal auf dem Standpunkt, nur diesen als Notwendigkeit zu bezeichnen, so läßt sich wohl sagen, daß es in der Natur etwas gibt, das in gewisser Hinsicht wie Notwendigkeit aussieht, aber nicht, daß es Notwendigkeit ist. – Verträglich mit dieser Interpretation wäre die Auflösung der kausalen Beziehungen in funktionale, wodurch die Kausalrelation gewissermaßen veräußerlicht wird, weil wiederum die funktionale Verknüpfung nichts ist als unser mathematisches in Beziehung Setzen, dem in der Natur zwar etwas, aber nichts Adäquates entsprechen muß. Ebenso würde vom Gesetz die Auffassung hieher gehören, daß es nicht mehr besagt als die Tatsachen „zusammengenommen", daß es nur die Tatsachen wiedergibt, in dem Sinne etwa gemeint, daß es nichts jenseits, über den Tatsachen Stehendes ist, das diese lenkt, aus dem ihnen Notwendigkeit zufließt,[212] oder daß auch nur irgendwie unserem Verständnis näher stünde als diese. Worauf es dann auch zurückkäme, daß das Erklären von Tatsachen durch Gesetze und das Ableiten von Gesetzen aus allgemeineren lediglich Erfahrungen zu einander in Beziehung setzt, die an sich gleich unverständlich sind.

2. Kann sich die Behauptung, daß es Notwendigkeit nur im Gebiet des Logischen gebe, bloß auf den Grad der Sicherheit beziehen und besagen, daß wir einer wirklichen Notwendigkeit in der Natur nicht g e w i ß sind, weil unsere Annahmen dort, als durch Induktion gewonnene, Irrtümern

unterworfen sind. So heißt es: „Die Uebereinstimmung der Begriffe untereinander ist eine logisch notwendige Forderung, und diese logische Notwendigkeit ist auch die einzige, die wir kennen. Der Glaube an eine Naturnotwendigkeit entsteht nur, wo unsere Begriffe der Natur hinreichend angepaßt sind, um Folgerung und Tatsache in Uebereinstimmung zu halten. Die Annahme einer genügenden Anpassung unserer Begriffe kann aber jeden Augenblick durch die Erfahrung widerlegt werden.“[213]

3. Es könnte der Sinn auch dahin zielen, daß die Naturvorgänge, genau betrachtet, gesetzlos und regellos seien und nur bis zu einem gewissen (für praktische Bedürfnisse eben hinreichenden) Grade den Anschein des Gegenteils haben.

Der nächste Schritt muß nun der sein, unter diesen möglichen Interpretationen, jene auszulesen, die auch in Hinsicht auf den systematischen Zusammenhang des Ganzen in Betracht kommen, während die anderen als gleichgültig ausscheiden. Diese Charakteristik bietet auf Grund des reichlichen Materials, das wir kennen gelernt haben, keine großen Schwierigkeiten.

Zunächst läßt sich von 1) und 2) ohne weiteres feststellen, daß sie für sich allein keine Bedeutung für das Ganze haben. Denn daß man der Naturnotwendigkeit gewissermaßen nicht von innen beikommen kann, sondern nur von außen, daß man nicht die Notwendigkeit sondern nur die Regelmäßigkeit wahrnimmt und auch diese nicht mit Evidenz sondern nur mit einer steigerbaren Wahrscheinlichkeit, das ist natürlich eine Eigentümlichkeit jeder empirischen Wissenschaft, die nicht wegzuleugnen ist, aber auch nie geleugnet wird. Würde Mach aber nur dieses meinen, so müßten wir als folgenschwere Irrtümer alle jene gehörten Aeußerungen bezeichnen, die mit direkten Worten sagen, daß es eine Naturnotwendigkeit überhaupt nicht gebe; Mach würde da aus dem Umstande, daß im zweiten Fall die Notwendigkeit anders erfaßt wird, schließen, daß sie überhaupt keine Notwendigkeit sei. (Davon ganz abgesehen, daß er eine in diesen Gegensatz zur Naturnotwendigkeit gesetzte logische nicht als psychologische interpretieren dürfte, ohne einen Zirkel zu begehen, weil eine psychologische Notwendigkeit eben doch nur wieder als eine Naturnotwendigkeit gedacht werden kann.) Wollen wir diese schärferen Aeußerungen daher nicht als mißverständlich betrachten, so kommen eben auch nur die schärferen Interpretationen ins Spiel. Wir haben also nur die Wahl: entweder sind die Ausführungen Machs unklar, in ihrem Kern aber ganz zahm, ganz einig mit der gewöhnlichen Meinung oder es kommen nur die schärferen Interpretationen in Betracht. Die Entscheidung kann aber in Hinsicht auf die ganze bisherige Haltung nicht zweifelhaft sein, wenn man deren Abweichungen von der Norm zusammenfaßt.

Denn was war das Ergebnis des dritten Abschnitts? Wir erwogen zwei Möglichkeiten für die Bedeutung der in ihm wiedergebenen Begriffskritik. Eine vorsichtig abmahnende, die von der naturwissenschaftlichen Begriffsbildung nur einen möglichst engen und naiven Anschluß an die erfahrbaren Tatsachen fordert, und eine radikalere, die es überhaupt für unmöglich erklärt, sich über die sinnfälligen Erfahrungen zu erheben, etwas zu erschließen, das nicht selbst unmittelbar sinnlich erfahrbar wäre. Mit Rücksicht auf den ganzen Zusammenhang, besonders wegen des noch zu besprechenden Sensualismus, sagten wir damals, sei nur die zweite Bedeutung als Machs Meinung in Anspruch zu nehmen. Wir hoben aber gleichzeitig hervor, daß ihr von dieser Seite her auch erst die hinreichende Begründung kommen müsse, zumal blieb der Nachweis einzufordern, daß die Erfahrung zwar in wissenschaftlich vollkommen befriedigender Form aber dennoch so gefaßt werden könne, daß das von Mach bekämpfte begriffliche Transcendieren des Wahrnehmbaren vermieden wird. – Im vierten Abschnitt lernten wir dann die Bedeutung des funktionalen Zusammenhangs kennen. Wir sahen, daß die funktionale Verknüpfung in erster Linie als eine rechnerische, d. h. als eine der Berechnung quantitativer Merkmale dienende gilt, daß es also nahe liegt, (wenn auch noch nicht berechtigt ist), sie nur als eine ökonomische zu betrachten. Man muß letzteres aber tun, wenn sie Beziehung zu dem Vorherigen haben und dieses stützen soll. Denn nur dann läßt sich mit einigem Anschein von Recht behaupten, daß weil die Begriffe auf funktionalen Gleichungen ruhen und ihr Inhalt durch die Erfahrungen erschöpft wird, die sich in diesen Gleichungen ausdrücken, dieser Inhalt nichts sei als ein ökonomisches, zusammenfassendes Symbol für die Berechenbarkeit bestimmter Erfahrungen auseinander; nachweislich dürfte in der exakten Wissenschaft nur diese rechnerische Seite der Verknüpfung vorhanden sein, damit in den wissenschaftlichen Begriffen nichts liege, daß noch nach einer anderen Seite suchen hieße, nur unter dieser Voraussetzung könnte die Berufung auf die exakte Forschung teilweise wenigstens dem Vorangegangenen ein Fundament liefern.

Aber natürlich ist dem nicht schon dadurch genug geschehen, daß der alte zweigliedrige Kausalbegriff „einer Dosis Ursache folgt eine Dosis Wirkung“[214] fällt oder daß das Rechnerische in den Vordergrund tritt, sondern nur dadurch, daß den in den Gleichungen ausgesprochenen Beziehungen überhaupt keine Naturnotwendigkeit zugrunde liegt. Denn solange die Gleichungen tatsächliche gesetzliche Beziehungen ausdrücken (allerdings würde man normalerweise voraussetzen, daß sie auch nur dann die Berechenbarkeit gewährleisten), weisen sie auf reale notwendige Verknüpfungen, und den Begriffen, die in dem von ihnen beschriebenen Verhalten wurzeln, bleibt die Möglichkeit realer Bedeutung. Es würde hier also in der ganzen Argumentation ein Loch klaffen, wenn die Naturnotwendigkeit nicht geleugnet würde.

Und in der Tat stießen wir dann ja auf eine Polemik gegen die Notwendigkeit, und mehr noch als bestimmte darauf bezügliche Stellen nötigt uns also der ganze Zusammenhang, sie in diesem Sinne aufzufassen. Denn auch das Interesse an der Zersetzung des Kraft- und Substanzbegriffes wird dann verständlich, weil der Gedanke an eine Naturnotwendigkeit nicht zu umgehen ist, solange man an Substanzen mit fest zugeeigneten Kräften glaubt, da dies ohne die Annahme realer Notwendigkeit keinen Sinn hätte. Und endlich ordnet sich nun erst auch jener erste Einwand gegen die Kausalität, die Natur sei nur einmal da, Wiederholungen gleicher Fälle kenne sie nicht, in das Uebrige ein, den wir im vorigen Abschnitt unerörtert ließen, weil wir erkannten, daß sich sein Sinn nicht nur gegen die Kausalität richtet, sondern schlechtweg alles Naturgesetzliche und Naturnotwendige untergräbt.[215] Wir sehen also tatsächlich, daß sich das Ganze auf die dritte der von uns zur Erwägung gestellten Interpretationen zuspitzt. Diese ist daher nicht nur notwendig um gewisse Aeusserungen nicht als Uebertreibungen erscheinen zu lassen, wie wir dies vordem zeigten, sondern auch um das ganze Gefüge der Machschen Gedanken nicht in belanglose und, wie man dann wohl sagen dürfte, unvorsichtige Aeußerungen zerfallen zu lassen. Umgekehrt werden wir nun aber auch mit Recht alles darauf ankommen lassen dürfen, ob sie die Probe besteht oder nicht.

Nun gibt es doch aber offenbar in der Natur wenigstens den Anschein von Notwendigkeit und Gesetz, nämlich unverbrüchliche Regelmäßigkeiten; sie sind das, aus dem man das Vorhandensein einer Naturgesetzlichkeit ableitet, auch dann wenn man über diese außer der Wahrscheinlichkeit ihres Daseins nichts aussagen zu können glaubt. Wie Mach sich dazu verhält, ist daher von größter Bedeutung.

Er sagt: „Unsere Naturwissenschaft besteht in dem begrifflichen quantitativen Ausdruck der Tatsachen".[216] Es ist aber „jeder naturwissenschaftliche Satz ein A b s t r a k t u m , welches die Wiederholung gleichartiger Fälle zur Voraussetzung hat",[217] denn „wenn wir die Tatsachen in Gedanken nachbilden, so bilden wir niemals die Tatsachen überhaupt nach, sondern nur nach jener Seite, welche für uns wichtig ist; unsere Nachbildungen sind immer Abstraktionen[218] „weil eine Regel, welche aus der Beobachtung von Tatsachen gewonnen wird, nicht die ganze Tatsache in ihrer unerschöpflichen Mannigfaltigkeit fassen, sondern nur eine Skizze der Tatsache geben kann, einseitig dasjenige hervorhebend, was für den technischen oder wissenschaftlichen Zweck wichtig ist. So hat man z. B. am Hebel zuerst die Gewichte und Arme, dann die statischen Momente usw., endlich die Gewichte und die Zugrichtungen in Bezug auf die Axe als gleichgewichtsbestimmende Umstände ins Auge gefaßt, und demnach die

Gleichgewichtsregeln gebildet."[219] Mit anderen Worten: „Die fortschreitende Verschärfung der Naturgesetze, die zunehmende Einschränkung der Erwartung entspricht einer genaueren Anpassung der Gedanken an die Tatsachen. Eine vollkommene Anpassung an jede individuelle, künftig auftretende, unberechenbare Tatsache ist natürlich unmöglich. Die vielfache, möglichst allgemeine Anwendbarkeit der Naturgesetze auf konkrete tatsächliche Fälle wird nur möglich durch Abstraktion,[220] durch Vereinfachung, Schematisierung, Idealisierung der Tatsachen, durch gedankliche Zerlegung derselben in solche einfache Elemente, daß aus diesen die gegebenen Tatsachen mit zureichender Genauigkeit sich wieder gedanklich aufbauen und zusammensetzen lassen. Solche elementare idealisierte Tatsachenelemente, wie sie in Wirklichkeit nie in Vollkommenheit angetroffen werden, sind die gleichförmige und die gleichförmig beschleunigte Massenbewegung, die stationäre (unveränderliche) thermische und elektrische Strömung und die Strömung von gleichmäßig wachsender und abnehmender Stärke usw. Aus solchen Elementen läßt sich aber jede beliebig variable Bewegung und Strömung beliebig genau zusammengesetzt denken, und der Anwendung der Naturgesetze zugänglich machen. Dies geschieht in den Differentialgleichungen der Physik. Unsere Naturgesetze bestehen also aus einer Reihe für die Anwendung bereit liegender für diesen Gebrauch zweckmäßig gewählter Lehrsätze. Die Naturwissenschaft kann aufgefaßt werden als eine Art Instrumentensammlung zur gedanklichen Ergänzung irgend welcher teilweise vorliegender Tatsachen oder zur möglichsten Einschränkung unserer Erwartung in künftig sich darbietenden Fällen."[221]

Der wichtige, in diesen Ausführungen neu hinzukommende Gedanke, ist der, daß das idealisierende und daher fiktive Moment an den Naturgesetzen betont wird. Unsere Naturgesetze werden durch Abstraktion gewonnen, sagt Mach, durch Absehen von der vollen Mannigfaltigkeit der Tatsachen, nur durch Idealisierung der Tatsachen gelingt es uns, Gesetzlichkeit zu finden. „Alle allgemeinen physikalischen Begriffe und Gesetze, der Begriff des Strahls, die dioptrischen Gesetze, das Mariotte'sche Gesetz usw. werden durch Idealisierung gewonnen. Sie nehmen dadurch jene einfache und zugleich allgemeine, wenig bestimmte Gestalt an, welche es ermöglicht, eine beliebige auch komplizierte Tatsache durch synthetische Kombination dieser Begriffe und Gesetze zu rekonstruieren, d. h. sie zu verstehen. Solche Idealisierungen sind bei den Carnot'schen Betrachtungen der absolut nichtleitende Körper, die volle Temperaturgleichheit der sich berührenden Körper, die nicht umkehrbaren Prozesse, bei Kirchhoff der absolut schwarze Körper usw."[222]

Ist dem aber so, wird das Gesetz nur durch idealisierende Fiktion gefunden, so hat es, folgert Mach weiter, zwar die Wiederholung gleicher

Ereignisse unter gleichen Umständen zur Voraussetzung, weil es aber ein bloßes Abstraktum ist, existiert auch diese vorausgesetzte Regelmäßigkeit nicht in der Natur sondern nur in der Abstraktion, im idealisierten Schema.

Und damit sind wir nun tatsächlich bei dem Mißverständnis angelangt, auf das sich die ganze Leugnung der Naturnotwendigkeit gründet; Notwendigkeit, schließt Mach, findet sich nur in der Abhängigkeit unserer Begriffe von einander, in unseren Vorstellungen von Gesetz u. dgl., diese sind aber durch Idealisierung gewonnen, also wird in die Natur die Notwendigkeit auch nur fiktiv hineingetragen. „Für den wissenschaftlichen Gebrauch", sagt Mach, „muß die gedankliche Nachbildung der sinnlichen Erlebnisse noch begrifflich geformt werden. N u r s o können sie benützt werden, um zu einer durch eine begriffliche Maßreaktion charakterisierten Eigenschaft durch eine begriffliche Rechenkonstruktion die davon abhängige Eigenschaft der Tatsache zu finden, die teilweise gegebene zu ergänzen. Dieses Formen geschieht durch Idealisierung",[223] denn „nur unser schematisches Nachbilden erzeugt gleiche Fälle, nur in diesem existiert also die Abhängigkeit gewisser Merkmale voneinander".[224] Dieser eindeutig bestimmten Abhängigkeit, heißt es weiter, entspricht „nur eine Theorie, welche die immer komplizierten und durch mannigfache Nebenumstände beeinflußten Tatsachen der Beobachtung e i n f a c h e r und g e n a u e r darstellt, als dies durch die Beobachtung eigentlich verbürgt werden kann".[225] Nur dadurch „wird die mathematische Physik zu einer deduktiven exakten Wissenschaft, daß sie die Erfahrungsobjekte durch schematisierende, idealisierende Begriffe darstellt".[226] Denn das genaue Verhältnis ergibt sich nur durch Idealisierung und „erscheint nur als eine Hypothese, durch deren Aufgeben die einzelnen Tatsachen der Erfahrung sofort in logischen Widerspruch geraten würden. Nun erst können wir die Tatsachen mit exakten Begriffen operierend selbsttätig rekonstruieren, wissenschaftlich, logisch beherrschen. Der Hebel und die schiefe Ebene sind gerade so selbstgeschaffene Idealobjekte der Mechanik, wie die Dreiecke Idealobjekte der Geometrie sind. Diese Objekte allein können den logischen Forderungen vollkommen genügen, welche wir ihnen aufgelegt haben. Der physische Hebel genügt ihnen nur so weit als er sich dem idealen nähert".[227] Mit anderen Worten: „die logischen Deduktionen aus unseren Begriffen bleiben aufrecht, solange wir diese Begriffe festhalten",[228] aber „die Tatsachen sind nicht genötigt, sich nach unseren Gedanken zu richten";[229] es richten sich bloß „unsere Gedanken, unsere Erwartungen nach anderen Gedanken, nach den Begriffen nämlich, welche wir uns von den Tatsachen gebildet haben. Nehmen wir an, daß eine Tatsache genau unseren einfachen, idealen Begriffen entspricht, so wird in Uebereinstimmung hiermit unsere Erwartung auch genau bestimmt sein. Ein naturwissenschaftlicher Satz hat immer nur den hypothetischen Sinn: Wenn die Tatsache A genau den Begriffen M entspricht, so entspricht die Folge B genau den Begriffen N, so genau als A den M, so genau entspricht B den N. Die absolute Exaktheit, die vollkommen genaue, eindeutige Bestimmung der Folgen einer Voraussetzung besteht in der Naturwissenschaft nicht in der sinnlichen Wirklichkeit, sondern nur in der Theorie".[230]

Dies sind die Ausführungen, auf denen die Leugnung der Naturnotwendigkeit ruht und auf die sich alles Uebrige zuspitzt. Wir nannten sie mißverständlich. Bevor wir jedoch daraus die Konsequenzen ziehen und von neuem in die Kritik eintreten, ist es notwendig noch einen letzten Gedanken zu berücksichtigen: den Machschen Sensualismus, die Elemententheorie.

Diese Analyse der Empfindungen (nach Machs Benennung) oder Elemententheorie (wie wir mit Bezug auf einen ihrer wichtigsten Begriffe kurz sagen können) würde ein Kapitel für sich erfordern, wollte man auf alle Zweifelhaftigkeiten eingehen, die ihr anhaften. Wir haben jedoch schon in der Einleitung unsere Aufgabe beschränkt und auf den wichtigsten Punkt konzentriert, auf den Zusammenhang nämlich, der, nach Machs Behauptung, seine Anschauungen als Konsequenzen der exakten Forschung rechtfertigen soll. Diesen Zusammenhang haben wir in seinen wichtigsten Teilen bereits kennen gelernt, er ergibt eine eigentümliche erkenntnistheoretische Haltung und Mach sagt selbst im Vorwort zur Analyse der Empfindungen ganz dem entsprechend: „Nicht eine Lösung aller Fragen, sondern eine erkenntnistheoretische Wendung wird hier versucht".

Diese erkenntnistheoretische Wendung, mit der wir es, als vermeintlichem Ergebnis der bisherigen Untersuchungen, bei der Elemententheorie zu tun haben, ist aber die, daß in Konsequenz des Idealisierenden, Fiktiven in der Naturwissenschaft die den Gesetzen zugrundeliegende reale Notwendigkeit geleugnet und Gesetz wie Theorie bloß als ein Instrumentarium[231] betrachtet wird, dessem fiktiven Gehalt keine Eigenbedeutung zukommt, sondern nur die eines Hilfsmittels zur Herstellung eines übersichtlichen Tatsacheninventars.[232] Dies also, obwohl wir näher darüber erst später reden wollen, muß jetzt schon festgelegt werden, und wir werden sehen, daß sich das Wichtigste aus der Analyse der Empfindungen tatsächlich darauf zurückführen läßt. Andererseits ist jedoch auch darauf zu verweisen, daß die Auflösung in Elemente selbst wieder ein weiterer Schritt zu diesem erkenntnistheoretischen Endbilde ist, denn bisher haben wir zwar gesehen, daß die Substanzbegriffe aus der wissenschaftlichen Behandlung ausgeschieden werden, solange man aber an Psychisches und Physisches, an eine Innenwelt und eine Außenwelt glaubt, kann diese Operation kein definitives Resultat ergeben, weil dabei ja sozusagen der Krankheitserreger im wissenschaftlichen Organismus zurückgeblieben ist.

Wenn man nun unter dem Gesichtspunkt dieser Vorbemerkung die Analyse der Empfindungen betrachtet, so findet man, von Nebensächlichem[233] abgesehen, drei Hauptgruppen zusammengehörender Gedanken:

Erstens sprechen die Ergebnisse der Naturwissenschaft ohnedies nur von Zusammenhängen von Empfindungen, die Welt ist also eine Welt der Empfindungen.

Was diesen Gedanken betrifft, genügt Folgendes, um ihn zu illustrieren: Wir wissen, daß die Physik eine Erfahrungs-, eine Tatsachenwissenschaft ist, oder wie Mach sagt: „die einzig unmittelbare Quelle naturwissenschaftlicher Erkenntnis ist die sinnliche Wahrnehmung";[234] die Interpretation selbst der abstraktesten Gleichung führt gleichfalls auf solche Wahrnehmungen, auf Sinnlich-Anschauliches als ihre Grundlage, oder wie Mach sagt: „alle Rechnungen, Konstruktionen usw. sind nur Zwischenmittel diese Anschaulichkeit zu erreichen".[235] Nun ist zwischen einer Erfahrungswissenschaft und einer Wissenschaft von Empfindungen allerdings noch ein gewaltiger Unterschied, aber Mach glaubt ihn dadurch überbrücken zu können, daß er schließt: Gleichungen beruhen auf Messungen, Messungen reduziert man auf Grundmaße, gewöhnlich Länge, Masse und Zeit, Masse und Zeit kommen aber, wie wir gehört haben, auf Längemessungen hinaus. „Demnach ist die Längemessung die Grundlage für alle Messungen. Allein den bloßen Raum messen wir nicht, wir brauchen einen körperlichen Maßstab, womit das ganze System mannigfaltiger Empfindungen eingeführt ist. Obschon also die Gleichungen nur räumliche Maßzahlen enthalten, sind dieselben auch nur das ordnende Prinzip, das uns anweist, aus welchen Gliedern in der Reihe der sinnlichen Elemente wir unser Weltbild zusammenzusetzen haben".[236] M. a. W.: „Die Naturgesetze sind Gleichungen zwischen den meßbaren Elementen der Erscheinungen"[237], ein „quantitatives Regulativ" der sinnlichen Vorstellung.[238]

In erster Linie, denke ich, wird man dem einwenden, daß dieses „quantitative Regulativ" sich nur in höchst indirekter Weise auf sinnliche Vorstellungen bezieht. Denn das eine ist klar, daß die Elemente, von denen in den Gleichungen der Physik die Rede ist, zunächst keine sinnlichen sondern begriffliche Elemente sind. Von keinen anderen als solchen war bisher die Rede, mit keinen anderen würde sich auch das Bisherige vertragen, – man denke bloß daran, daß einzelne Bestimmungsstücke der Gleichungen ja idealisiert und fiktiv gefunden wurden, also in der sinnlichen Wirklichkeit gar nicht angetroffen werden können, – und endlich spricht ja Mach selbst ausdrücklich von Begriffen. „Für den wissenschaftlichen Gebrauch muß die gedankliche Nachbildung der sinnlichen Erlebnisse noch begrifflich geformt werden",[239] heißt es und „für den Physiker sind Begriffe die Bauanweisung".[240]

Sollen danach also die ursprünglichen Aeußerungen noch aufrecht erhalten bleiben, so muß den Begriffen selbst eine Vermittlerrolle zugedacht sein. Und in der Tat meint Mach: Der Physiker operiert immer mit Empfindungen, denn diese liegen seinen Begriffen zu Grunde. Jede experimentelle Anordnung durch die wir zu einem Gesetz gelangen oder auf deren Beschreibung die Definition eines Begriffes ruht,[241] „gründet sich auf eine fast unabsehbare Reihe von Sinnesempfindungen, insbesondere, wenn noch die Justierung der Apparate in Betracht gezogen wird, welche der Bestimmung vorausgehen muß. Also bedeutet ein physikalischer Begriff nur eine bestimmte Art des Zusammenhanges sinnlicher Elemente."[242] Daß dennoch nicht direkt davon die Rede ist, erklärt Mach so: „die Naturwissenschaft lehrt uns die stärksten Zusammenhänge von Gruppen von Elementen kennen. Auf die einzelnen Bestandteile dieser Gruppen dürfen wir vorerst nicht zu viel achten, wenn wir ein faßbares Ganzes behalten wollen. Die Physik gibt, weil ihr dies leichter wird, statt der Gleichungen zwischen den Urvariablen, Gleichungen zwischen Funktionen derselben. Die psychologische Physiologie lehrt von dem Körper das Sichtbare, Hörbare, Tastbare absondern, das Sichtbare löst die Physiologie weiter in Licht- und Raumempfindungen, erstere wieder in die Farben, letztere ebenfalls in ihre Bestandteile; die Geräusche löst sie in Klänge, diese in Töne auf usw. Ohne Zweifel kann diese Analyse noch sehr viel weiter geführt werden, als es schon geschehen ist. Es wird schließlich sogar möglich sein, das Gemeinsame, welches sehr abstrakten und doch bestimmten logischen Handlungen von gleicher Form zugrunde liegt, ebenfalls aufzuweisen. Die Physiologie wird uns mit einem Worte die eigentlichen realen Elemente der Welt aufschließen."[243] Natürlich muß man dem hinzufügen, daß diese „Ueberlegung nur ein Ideal weisen" kann, „dessen annähernde allmähliche Verwirklichung der Forschung der Zukunft vorbehalten bleibt. Die Ermittlung der direkten Abhängigkeit der Elemente voneinander," sagt Mach, „ist eine Aufgabe von solcher Komplikation, daß sie nicht auf einmal gelöst werden kann;"[244] die Richtung, in welcher die Aufklärung durch eine lange und mühevolle Untersuchung zu erwarten ist, kann natürlich nur vermutet werden. Das Resultat antizipieren, oder es gar in die gegenwärtigen wissenschaftlichen Untersuchungen einmischen zu wollen, hieße „Mythologie statt Wissenschaft treiben."[245]

Auf diese Gedanken reduziert sich dann auch die zweite Gruppe von Einwänden, die wir daher gleich anschließen wollen. Was uns von den Körpern gegeben ist, sagt Mach, sind (nach gewöhnlicher Redeweise) die Empfindungen, die sie in uns auslösen, also Sinnesinhalte, „Farben, Töne, Wärme, Drücke, Räume, Zeiten usw., in mannigfaltiger Weise miteinander verknüpft."[246] Wie kommen wir nun von da zur Annahme von Dingen? Die Antwort ist: weil wir ein Bedürfnis nach einheitlicher Zusammenfassung haben[247] und weil diesem der Umstand entgegenkommt, daß „in dem Gewoge der Empfindungen die Summe der bleibenden Glieder gegenüber den veränderlichen, namentlich wenn wir auf die Stetigkeit des Ueberganges achten, immer so groß ist, daß sie uns zur Anerkennung des Körpers als desselben genügend erscheint,"[248] „das relativ Feste und Beständige tritt hervor, prägt sich ein, drückt sich in der Sprache aus."[249] Glaubt man aber deswegen, daß hinter den Erscheinungen wirklich ein „bleibender Kern", ein Ding liege, von dem die Erscheinungen „bewirkt"[250] werden, so begeht man den Fehler, die subjektive Willkürlichkeit der Repräsentation zu übersehen und letztere objektiv zu hypostasieren,[251] m. a. W. die Beständigkeit für absolut zu erklären, während sie in Wirklichkeit doch bloß relativ ist und eben nur hinreichend, um eine subjektive Vereinheitlichung, nicht aber auch eine objektive Einheit zu begründen. Die Beständigkeit des betreffenden Empfindungskomplexes ist ferner an gewisse Bedingungen gebunden (an unser Verhalten und an Beziehungen zur Umgebung) und auch deswegen nur eine relative; weil man aber diese Bedingungen stets in der Hand hat, weil sie leicht realisierbar sind, beachtet man sie nicht immer und hält den Körper als Repräsentanten des Elementenkomplexes für stets vorhanden;[252] ja man tut dies sogar in Fällen, wo der Wille zur Realisierung der Bedingungen nicht mehr allein genügt oder wo die volle Realisierung der Sinnfälligkeit überhaupt unmöglich ist.[253] Vermeidet man aber diesen Fehler, so kann man nur umgekehrt sagen, daß Körper oder Dinge abkürzende Gedankensymbole für Gruppen von Empfindungen sind, Symbole, die außerhalb unseres Denkens nicht existieren[254], denn mit dem Wegfall der Empfindungen verlieren überdies die hinzugedachten Kerne allen Inhalt[255]; „nicht die Dinge, sondern was wir gewöhnlich Empfindungen nennen, sind eigentliche Elemente der Welt"[256], „nicht die Körper erzeugen Empfindungen, sondern Elementenkomplexe bilden die Körper"[257] und als letztes Ergebnis: „Die Empfindungen verschiedener Sinne eines Menschen, sowie die Sinnesempfindungen verschiedener Menschen sind gesetzlich voneinander abhängig. Darin besteht die Materie."[258]

Es ist nicht nötig, viel über diese Argumentation zu sagen; der Schein von Berechtigung, der ihr – allerdings weniger in dieser nüchternen Zusammenstellung als in der fließend und wie selbstverständlich erzählenden Darstellung Machs – anhaftet, rührt nur daher, daß diese Ausführungen sich auf einer primitiven, vorläufigen, durchaus ungeklärten Basis bewegen. Was heißt ein Bündel, ein Komplex, ein gesetzlicher Zusammenhang von Empfindungen? Das sind Vorstellungen, die, bevor sie erwogen werden können, erst wissenschaftlich präzisiert werden müssen. Doch dies eben weist uns auch auf den Zusammenhang: das wissenschaftlich genau gefaßte

Verhalten der Dinge liegt in den Gesetzen, und wir fanden dies ja gerade durch Mach hervorgehoben; dadurch reduziert sich dann die ganze Frage auf die frühere, inwiefern die Naturgesetze Gesetze zwischen Empfindungen seien; nur dort, wo man schärfer zupacken kann, kann auch sie ihre Erledigung finden. Und nur der indirekte Weg über die Vermittlerstellung des Begriffs kann dafür in Betracht kommen, denn sollte Mach das Wesen der Substanz in einem anderen gesetzlichen Zusammenhange der Empfindungen verschiedener Sinne und verschiedener Menschen sehen als in diesem, so blieben wohl erst die Gesetze der äußeren Natur zu zeigen, die direkt sich auf Empfindungen beziehen; die gewöhnlichen physikalischen Gesetze sind es nicht und können auch nicht von Mach dafür ausgegeben werden, ohne daß er in den unlösbarsten Widerspruch mit den Seite 107 erwähnten sonstigen Konsequenzen seiner Haltung geriete.

Es bleibt uns dann noch eine dritte Gruppe von Einwänden, dahin zielend, daß die Trennung zwischen eigenen und fremden Empfindungen wie die zwischen Empfindung und Empfundenem als irreführend beseitigt wird, wonach es nur mehr einerlei „Elemente" gibt, die an sich weder der Innenwelt noch der Außenwelt angehören.

Nehmen wir an, die Naturgesetze seien nur ein quantitatives Regulativ der sinnlichen Vorstellungen, sie wiesen uns an, aus welchen dieser und in welcher Kombination wir bestimmte Tatsachen nachzubilden hätten. Dann sind Rot, Grün, Ausdehnung, Druck usw. die Elemente der Außenwelt, sofern sie wahrgenommen wird. Immerhin scheidet die gewöhnliche Auffassung auch dann noch zwischen dieser sinnlichen Gelegenheit der Elemente und ihrer (ev. unerkennbaren) von den subjektiven Bedingungen der Wahrnehmung unabhängigen Natur. Diese Scheidung bekämpft Mach, nach ihm sind Rot, Ausgedehnt u. dgl. sozusagen schon die Elemente an sich, und ihre vermeintliche Doppelstellung zwischen Physischem und Psychischem beruht nur auf einem Wechsel und einer Verwechslung der Perspektive.

Er sagt: Nennen wir diese Elemente A B C ...; ein besonderer Teil davon bildet unseren Leib und wird mit K L M ... bezeichnet; endlich sind noch als α β γ .. die eigentlichen psychischen Elemente, Stimmungen, Erinnerungsbilder, Gefühle, Willen[259] u. dgl. zu bezeichnen. Von ihnen wird nun zunächst vorausgesetzt, daß sie von Vorstellungen nicht wesentlich verschieden seien[260]. Dann sind also die α β γ ... dasselbe wie die K L M.. und A B C ... Nun hängt K L M sowohl mit α β γ ... wie mit A B C ... enger zusammen als diese untereinander, denn unsere psychischen Vorgänge beeinflussen die Vorgänge in der Außenwelt nicht direkt, wohl aber sind sie von Nervenprozessen, also Veränderungen in K L M ... abhängig; und ebenso hängt A B C ... mit K L M ... zusammen, denn es zeigt sich, „daß verschiedene A B C ... an verschiedene K L M ... gebunden sind"; z. B.

erscheint ein Körper dem rechten Auge anders als dem linken, bei geschlossenen Augen gar nicht u. dgl.[261] Was gegeben ist, sind also einerlei Elemente in verschiedenen Verhältnissen der Abhängigkeit. Auf deren Verschiedenheit beruht aber einzig und allein der ganze Dualismus. Achtet man auf K L M ... nicht und betrachtet nur den Zusammenhang der A B C ..., so treibt man Physik, achtet man auf den Zusammenhang mit K L M ... so treibt man Psychologie und darf A B C ... als Empfindungen bezeichnen.[262] Sofern man alle A B C .. in diesen Zusammenhang bringen kann, können alle Elemente als Empfindungen gelten und das Ich, das sich aus den Empfindungen aufbaut[263], kann die ganze Welt umfassen.[264] „Jedenfalls aber ist für uns wichtig, zu erkennen, daß es bei allen Fragen, die hier vernünftigerweise gestellt werden können, auf die Berücksichtigung verschiedener Grundvariablen und verschiedener Abhängigkeitsverhältnisse ankommt. An dem Tatsächlichen, an den Funktionalbeziehungen wird nichts geändert, ob wir alles Gegebene als Bewußtseinsinhalt oder aber teilweise oder ganz als physikalisch ansehen."[265] Wie steht es nun aber mit den Empfindungen, die wir doch auch bei anderen Menschen voraussetzen? Sie sind, meint Mach, von uns nach Analogie hinzugedacht[266], sind funktional hinzugedacht[267], weil uns das Verhalten der anderen Menschen erst dadurch vertraut wird[268]. „Die Vorstellungen von dem Bewußtseinsinhalt unserer Mitmenschen spielen für uns die Rolle von Zwischensubstitutionen, durch welche uns das Verhalten der Mitmenschen, die Funktionalbeziehung von K L M ... zu A B C ..., soweit dasselbe für sich allein (physikalisch) unaufgeklärt bliebe, verständlich wird."[269]

Wir haben jetzt in ziemlicher Vollständigkeit das Material beisammen und können nun auch unsere Bemühungen, die in ihm liegenden Widersprüche und Irrtümer aufzuzeigen, zu Ende führen. Bisher hatte uns unser Weg von der Forderung des Nachweises, daß die Erfahrung in wissenschaftlich befriedigender Weise und dennoch ohne Transcendieren des Wahrnehmbaren gefaßt werden könne, zu der Interpretation der funktionalen Verknüpfung als einer nur ökonomisch-rechnerischen geführt, von dieser Interpretation zur Leugnung einer Naturnotwendigkeit, von dort einerseits zur Rolle der Idealisierung und der Abstraktion, die ihr – wie wir dort vorweg sagten – mißverständlich zugrunde gelegt wird, andererseits zur Auffassung der Wissenschaft als eines bloß ökonomischen Instrumentariums und Inventars, die aus der Leugnung der Naturnotwendigkeit erfolgt.

An dieser Stelle schalteten wir die Elemententheorie ein; was ist nun ihr Ergebnis? – Es blieben uns zwei Gedankengänge. In dem einen glaubte Mach den Unterschied zwischen einer auf Grund von Wahrnehmungen aufgebauten Wissenschaft und einer Wissenschaft von Wahrnehmungsinhalten dadurch überbrückt, daß die Naturgesetze in ihren letzten Konsequenzen ordnende Prinzipien sind, die uns anweisen, aus welchen sinnlichen Vorstellungen wir unser Weltbild zusammensetzen sollen, Gleichungen zwischen den meßbaren Elementen der Erscheinungen, quantitative Regulative der sinnlichen Vorstellung. Ist dies der Fall, dann wäre die ganze Wissenschaft nur zu einer Vermittlung zwischen den Erscheinungen berufen, würde in dieser Aufgabe wurzeln und wäre in ihr abgeschlossen; sollte sich vielleicht auch da und dort auf diesem Wege ein Hinausgehen der Bedeutung über das Wahrnehmbare nicht vermeiden lassen, so würde es doch gewissermaßen nicht zur Sache gehören, sondern nur eine dem algorithmischen Symbol anhaftende Mitbedeutung sein. Wir zeigten aber, daß diese Behauptung nur indirekt genommen werden dürfe, weil die in den Gesetzen auftretenden Elemente nicht sinnliche, sondern begriffliche sind, was auch von Mach zugegeben wird. Die Vermittlerrolle suchten wir daher bei der Auffassung des Begriffs und stießen dabei auf Machs Erklärung, daß zwar die heutige Physik, weil ihr dies leichter falle, nicht Gleichungen zwischen den Urvariablen, sondern solche zwischen Größen gebe, die bereits deren Funktionen sind, die Begriffe aber dennoch nur eine bestimmte Art des Zusammenhanges sinnlicher Elemente bedeuten.

Ganz abgesehen davon, daß Mach (vgl. S. 108) den strengen Beweis dieser Behauptungen einer zukünftigen Wissenschaft vorbehält und selbst nur jene nicht eigentlich diskutablen Aphorismen vorbringt, die wiederum wir bis zur wissenschaftlichen Präzisierung zurückstellen mußten, ergeben sich gegen seine Behauptung aber auch sofort prinzipielle Bedenken. Denn daß jeder empirische Begriff auf Wahrnehmung beruht, haben wir zwar zugegeben, daß dies nun aber auf einmal gleichbedeutend mit einem Zusammenhang von Sinnesinhalten sein soll, ist eine Unterschiebung. Denn obzwar natürlich die Wahrnehmungen in Sinnesinhalten bestehen und Wahrnehmungen zu den Begriffen führen, sozusagen also auch zu einem Begriffe zusammengefaßt werden, so bedeutet der Begriff doch etwas anderes als eine Zusammenfassung von Wahrnehmungen, wie man erkennt, wenn man seine Bedeutung entfaltet. Schreibe ich einem Körper die Eigenschaft α, beispielsweise Masse, zu, wenn er das wissenschaftlich fixierte Verhalten α zeigt, so kann ich dies natürlich nur tun, weil α da und dort wahrgenommen wurde, aber ich kann es nicht minder auch nur deswegen tun, weil α selbst von seinem Wahrgenommenwerden unabhängig ist, weil der Wechsel der wahrnehmenden Person gar nichts an ihm ändert u. dgl. So wenigstens nach der herrschenden Ansicht, davon ganz abgesehen, daß Wahrnehmungen, die auf den gleichen Gegenstand bezogen werden, immer noch nicht gleiche Inhalte voraussetzen.

Doch soll eben diese Auffassung durch die letzte Gruppe von Argumenten als irrtümlich hingestellt werden. Die Unterscheidung zwischen der sinnlichen Gegebenheit der Elemente (den Elementen sofern und wie sie wahrgenommen werden) und der Natur dieser Elemente als Gegenstände, unabhängig von den subjektiven Bedingungen der Wahrnehmung, ist falsch; warum? Weil sie nur auf einem Wechsel der Untersuchungsrichtung beruht, hieß es, und auf Unterschieden der funktionalen In-Verbindung-Setzung. Die Elemente sind nur einmal da und sind weder physisch noch psychisch, nur in Bezug auf andere Elemente sind sie bald das eine, bald das andere. Daß man sie dann aber in Relation zu Teilen des eigenen Körpers psychisch, in Relationen zu fremden Körpern physisch nennt, ist ganz gleichgültig, unter Umständen sogar irreführend, jedenfalls aber unnötig, denn das berechtigte wissenschaftliche Interesse ist damit erschöpft, daß man erfährt, wie sie sich in beiden Fällen verhalten, welche Art funktionaler Abhängigkeit bestehe u. dgl.

Es fragt sich nun, ob der phänomenale Dualismus wirklich, wie Mach meint, dem positiv Gegebenen nur so äußerlich angeheftet sei, oder ob er nicht doch notwendig darin liegt? Eines ist sicher, ist eine Erfahrungstatsache: die Elemente A B .., von denen Mach spricht, sind immer an das Vorhandensein von K L M gebunden, denn wo es beispielsweise keine Netzhaut gibt, dort gibt es auch keine Farbe, oder diese Farbe dürfte kein Mach'sches Element, müßte etwas hinter dem Inhalt sein. Würde man dann Elemente A B .. in Abhängigkeit von Elementen D E .. untersuchen, so dürfte man also nicht von K L M .. abstrahieren, jede physikalische Untersuchung bliebe eine psychologische. Mach selbst gibt an, daß die ursprünglichen Gleichungen die Form F (A B .. K L ..) = 0 haben.[270] Welche Möglichkeiten gibt es nun, von K L .. abzusehen? Es wäre verständlich von irgend einem skeptischen Gesichtspunkte aus, hier käme der der Oekonomie in Betracht, der die Tatsachen nach seinem Gutdünken ordnet, statt die ihnen immanente Ordnung abzulesen, oder zweitens wäre es erlaubt, wenn man die Unabhängigkeit der A B C .., bezw. die Einflußlosigkeit der K L M .. nach den Forderungen der Gesetzesinduktion beweisen könnte. Im ersten Falle käme es, wie erwähnt, auf die Oekonomie hinaus und weiter den ganzen Ableitungsgang durch bis zu jener Leugnung realer Notwendigkeit, bei der wir stehen blieben. Der zweite Teil aber wäre einfach der Beweis dafür, daß die A B .., die physikalischen Elemente, untereinander in gesetzlichen Beziehungen stehen, notwendig miteinander verknüpft sind, unabhängig von ihrem Charakter als Inhalte, der ja mit dem ausgeschalteten K L .. wegfällt.

Ganz genau so liegt es aber auch mit dem Hinzudenken von Sinnesempfindungen bei anderen Menschen; denn Mach sagt, wie wir gehört haben, daß man sie nach Analogie hinzudenke, so wie man zur eigenen Empfindung den neurologischen Prozeß hinzudenkt, an einer anderen Stelle[271] vergleicht er es sogar mit dem Schlusse auf eine derzeit nicht beobachtete Eigenschaft eines stromdurchflossenen Leiters, wenn man an diesem sonst alle zugehörigen Eigenschaften beobachtet hat. – Liegen diese Fälle aber parallel, dann besteht kein Zweifel, daß man entweder ein psychisches Leben der anderen Menschen mit wissenschaftlicher Bestimmtheit annehmen muß oder daß man diese Bestimmtheit auch in ganz einwandfrei anerkannten Fällen der Gesetzesinduktion leugnet. Wir haben also hier tatsächlich wieder die gleiche Alternative: entweder führt sich Mach selbst ad absurdum oder das Argument fließt in die bisherigen ein.

Was aber endlich die Rede von dem verschiedenen Feld anlangt, auf dem der Unterschied zwischen Wahrnehmung und Vorstellung beruhen soll, so sagt Mach, daß dies im Grunde nichts anderes heiße, als daß das betreffende Element mit verschiedenen anderen verknüpft sei; nun muß man entweder ausgesprochen nur-psychische Elemente α β γ darunter annehmen (wie etwa die Funktionen der modernen Psychologie), durch die sich das eine Feld von andern unterscheidet, da in den A B .., so zahlreich sie auch miteinander verknüpft sein mögen, dieser Unterschied nicht liegt, oder man darf den Unterschied nicht in dem Verknüpften, sondern muß ihn in der Art der Verknüpfung suchen. Im ersten Fall ist natürlich weiteher dem Dualismus eine Grundlage geschaffen als dem Mach'schen Monismus; Unterschiede in der Art der Verknüpfung aber führen, da sie ja doch nur so weit in Betracht kommen als sie gesetzlich sind, auf eine verschiedene gesetzliche Struktur der Gebiete des Psychischen und des Physischen und damit abermals zu einer Trennung beider, oder aber sie werden ignoriert und dann haben wir es wieder mit dem alten Standpunkt zu tun.

So führen also auch die Grundgedanken der Analyse der Empfindungen entweder auf Widersprüche oder zu jenem Punkt, zu dem wir auch alles andere zurückführen konnten und mit dessen Besprechung wir unsere Aufgabe beschließen dürfen.

Wir kamen zu der Annahme, daß Mach eine Notwendigkeit in der Natur leugne und sich über sie hinwegsetze. Ausdrückliche Worte sprechen dafür und der Sinn des Ganzen, der gliedweise Aufbau verlangte es so, in dem Maße, daß das System überhaupt in eine Reihe von Widersprüchen zerfiele, wenn man den verschiedenen Gedanken diese einheitliche Orientierung entzöge.

Und nun genügt es, darauf zu verweisen, daß gerade dieser zusammenhaltende Gedanke Mach in den schärfsten Widerspruch gegen sich selbst versetzt, in den Widerspruch gegen sich als Forscher. „In der Tat ist die Absicht ein Gebiet zu erforschen nur mit der Annahme der Erforschbarkeit desselben vereinbar. Diese setzt aber Beständigkeiten voraus, denn was sonst sollte durch die Forschung ermittelt werden".[272] Dies sind Worte Machs und wir lassen ihnen, wegen der Wichtigkeit dieses Punktes eine Reihe ähnlicher folgen: „Daß die Abhängigkeit eine feste sei, setzen wir vernünftigerweise voraus, wenn wir an die Erforschung gehen. Die bisherige Erfahrung hat uns diese Voraussetzung an die Hand gegeben, und jeder neue Forschungserfolg bestärkt uns in derselben".[273] „Beschrieben, begrifflich in Gedanken nachgebildet kann nur werden, was gleichförmig, gesetzmäßig ist".[274] „Wir haben mit dem Postulat der Gleichförmigkeit der Natur keinen Fehlgriff getan, wenn auch bei der Unerschöpflichkeit der Erfahrung die absolute Anwendbarkeit sich nie wird dartun lassen und wie jedes wissenschaftliche Hilfsmittel immer ein Ideal bleiben wird".[275] „Daß wir mit Hilfe eines Gesetzes prophezeien können, beweist die hinreichende Gleichförmigkeit unserer Umgebung".[276] „Ich bin überzeugt, daß in der Natur nur das und soviel geschieht, als geschehen kann, und daß dies nur auf eine Weise geschehen kann."[277] „Die genauere quantitative Forschung zielt auf möglichst vollständige Bestimmtheit, auf eindeutige Bestimmtheit".[278] „Die eindeutige Bestimmtheit gewisser uns wichtiger Eigenschaften von Tatsachen durch andere leichter zugängliche wird in den wissenschaftlichen Aufstellungen angestrebt".[279] „Während der Forschung ist jeder Forscher notwendig Determinist. Dies ist auch dann der Fall, wenn er mit bloßen Wahrscheinlichkeiten zu tun hat. Die Sätze der Wahrscheinlichkeitsrechnung gelten nur dann, wenn Zufälligkeiten durch Komplikation verdeckte Regelmäßigkeiten sind."[280]

Dies alles sind Aussprüche Machs und sie sagen deutlich, daß Mach, wenigstens an diesen Stellen, feste, gesetzliche, das sind aber notwendige, Beziehungen in der Natur voraussetzt und in wünschenswertem Maße für erforschbar hält. Nun ist es möglich, daß in diesen Stellen eine Entgleisung liegt, dann trifft der Vorwurf aber auch zahlreiche andere, die wir hier nicht ausdrücklich anführten, wo Mach eine Gleichförmigkeit, Regelmäßigkeit, Erforschbarkeit, eindeutige Bestimmbarkeit und Vorhersage der Tatsachen mit gleicher Deutlichkeit anerkennt. Und abgesehen von der Größe dieser Widersprüche würde außerdem dem ganzen Gebäude der Schlußstein fehlen. Denn wir konnten wohl die Leugnung der Notwendigkeit mit der Tatsache in Zusammenhang bringen, daß die Naturgesetze in einer idealisierenden Weise begrifflich gefaßt werden, der Nachweis aber, daß wegen dieses Umstandes hinter den Gesetzen keine Notwendigkeit stehen könne, wurde uns nicht gegeben. Und ebensowenig jener zweite, gleich dringend erforderliche, daß man auch dann noch zu einer erkenntnistheoretischen Haltung gelangen könnte, die mit den Ergebnissen und Forderungen der exakten Forschung im Einklang bleibt, wenn man wirklich (was im Gegebenen ja nicht der Fall ist) die Leugnung der Naturnotwendigkeit in allen ihren Konsequenzen durchführen würde.

Die zweite Möglichkeit ist aber die, daß man gerade die zuletzt gehörten Aussprüche und die ihnen verwandten für die Machs wahrer Meinung entsprechenden hält, wonach also die Leugnung der Naturnotwendigkeit nur auf einem Mißverständnis beruhen könnte.

Und tatsächlich scheint hierbei ein solches unterlaufen zu sein. Denn was Mach zur Unterstützung hervorhob, war der Umstand, daß die genaue von den Gesetzen ausgesprochene Abhängigkeit nur zwischen den begrifflich intendierten Gegenständen besteht und daß diese Gegenstände idealisierte sind, die so nicht in der Wahrnehmungswelt existieren. Aber man mag dies daher auch eine Fiktion nennen, so darf man diese doch nicht für willkürlich ansehen. Denn sie ist in der Erfahrung fundiert. „Die Erfahrung muß zunächst lehren, welche Abhängigkeit der Erscheinungen von einander besteht, und nur die Erfahrung kann das lehren",[281] und „unsere Begriffe sind in der Tat selbstgemachte, jedoch darum noch nicht ganz willkürlich gemachte",[282] sagt Mach selbst. Die Erfahrung nun lehrt das Bestehen ungeheurer Regelmäßigkeiten mit Deutlichkeit erkennen. Diese Regelmäßigkeit, die uns zu allererst auf eine Notwendigkeit schließen läßt, liegt also in den Tatsachen. Und sie wird natürlich nicht durch eine Idealisierung aus diesen weggeschafft, ja wenn man, was hier nicht geschehen kann, den Induktionsvorgang genau analysiert, sieht man, daß sie sogar jedem Schritte dieser Idealisierung zugrundeliegt; die Idealisierung ist in den Tatsachen motiviert. Daher ist es aber auch irrtümlich, zu sagen, die Notwendigkeit werde erst durch die Idealisierung in die Tatsachen hineingetragen. Denn die Notwendigkeit, von der man das sagen könnte, diese nur zwischen den idealisierten Begriffen bestehende, die Mach daher eine bloß logische nennt, diese hypothetische, mit den unerfüllbaren Vordersätzen: wenn es ein vollkommenes Gas gibt, eine reibungslose Flüssigkeit u. dgl. – die setzt freilich vorerst eine Idealisierung voraus, die ist aber auch nicht die eigentliche Notwendigkeit, ja sie ist überhaupt nur Notwendigkeit, wenn es zuerst jene andere gibt, die in den Tatsachen liegt, selbst wenn wir mit unseren Mitteln an deren wahre Struktur nie ganz herankommen sollten.

Woher immer die Leugnung der Naturnotwendigkeit aber gekommen sein möge, wird sie, wie wir hier als zweite Möglichkeit annahmen, von Mach fallen gelassen, so verlieren wieder alle früher dargestellten Anschauungen die Berechtigung ihres spezifischen Charakters; das Gesetz ist dann nicht bloß eine Tabelle, die rechnerische Abhängigkeit kann gegen die sie fundierende reale zurücktreten, die ökonomische Erfahrung gegen die Erforschung, der theoretische Zusammenhang kann mehr sein als eine bloße Ordnungsbeziehung, auf Grund der voneinander verschiedenen Typen physikalischer und psychologischer Gesetze treten Empfindung und Gesetz wieder auseinander, mit dieser Abtrennung von Dingen, die untereinander in gesetzlicher Abhängigkeit stehen, ist wieder eine Möglichkeit für die

Kausalität geschaffen usw. und Machs darauf bezügliche Ausführungen wären mißverständlich und irreführend.

Ob aber so oder so, ob man sich an die Anerkennung der Notwendigkeit halte oder an die Anschauungen, die zu ihrer Leugnung führen müssen, beide Male kommt man auf einen Widerstreit in Machs eigenen Anschauungen. Welche Wendungen immer die berührten Probleme daher noch nehmen mögen, eine eindeutige Lösung, einen voll befriedigenden Standpunkt für künftige Lösungen hat Mach nicht aufgezeigt. Freilich gilt dies nur bezüglich der letzten metaphysischen und erkenntnistheoretischen Resultate, wie sie hier erwogen wurden. Im Einzelnen sind die Schriften Machs, wie ja allgemein anerkannt ist, voll der glänzendsten Ausführungen und fruchtbarsten Anregungen, deren Betrachtung aber nicht mehr in den Rahmen unserer Aufgabe fällt.

Lebenslauf.

Geboren am 6. November 1880 zu Klagenfurt in Kärnten, katholisch, absolvierte der Gefertigte die k. u. k. Militär-Oberrealschule zu Mähr. Weißkirchen im Jahre 1897, studierte hierauf in den Jahren 1897 bis 1901 als ordentlicher Hörer an der k. k. technischen Hochschule in Brünn, legte 1899 die erste, 1901 die zweite Staatsprüfung aus dem Maschinenbaufache ab.

Nach Ableistung seines Militärdienstes war er durch ein Jahr im maschinentechnischen Laboratorium der königl. württemberg. technischen Hochschule in Stuttgart wissenschaftlich tätig.

Seit November 1903 ist er an hiesiger Universität als ordentlicher Hörer immatrikuliert und legte im Jahre 1904 am k. k. Ersten deutschen Gymnasium in Brünn die Maturitätsprüfung ab.

Die Promotionsprüfung bestand er am 27. Februar 1908.

Fußnoten:

1 A. d. E. 2. Aufl. 21 u. ähnl.: „Diese Auffassung wird dem temporären Gesamtwissen am ökonomischsten gerecht; eine Philosophie für die Ewigkeit will sie nicht sein", a. a. O. 23. „Ob es mir jemals gelingen wird, den Philosophen meine Grundgedanken plausibel zu machen, muß ich dahingestellt sein lassen. Bei aller Hochachtung vor der riesigen Geistesarbeit der Philosophen aller Zeiten ist mir dies zunächst auch weniger wichtig. Aufrichtig und lebhaft wünschte ich aber eine Verständigung mit den Naturforschern, und diese halte ich auch für erreichbar. Ich möchte denselben nur zu bedenken geben, daß meine Auffassung alle metaphysischen Fragen ausschaltet, gleichgültig ob sie nur als gegenwärtig nicht lösbar oder überhaupt und für immer als sinnlos angesehen werden". A. d. E. 287. „... Es soll hiermit keine neue Philosophie, keine neue Metaphysik geschaffen, sondern einem augenblicklichen Streben der positiven Wissenschaften nach gegenseitigem Anschluß entsprochen werden". A. d. E. 259. „Es gibt vor allem keine Machsche Philosophie, sondern höchstens eine naturwissenschaftliche Methodologie und Erkenntnispsychologie, und beide sind wie alle naturwissenschaftlichen Theorien vorläufige, unvollkommene Versuche. Für eine Philosophie, die man mit Hilfe fremder Zutaten aus diesen konstruieren kann, bin ich nicht verantwortlich". E. u. J. Vorwort. „Meine Darlegungen gehen stets von physikalischen Einzelheiten aus und erheben sich von da zu allgemeineren Erwägungen". E. u. J. 141.

2 M. 1. Aufl. Vorwort.

3 E. u. J. Vorwort.

4 Vgl. A. D. E. 245.

5 E. d. A. 31.

6 Vgl. E. u. J. 83, 164/165; A. d. E. 244; M. 7.

7 E. u. J. 443 Vgl. E. u. J. 229; A. d. E. 246; M. 210.

8 W. L. 365.

9 E. u. J. 107, 110. Vgl. dazu P. V. 218/219: „Am besten werden die bescheidenen Anfänge der Wissenschaft uns deren einfaches sich stets gleichbleibendes Wesen enthüllen. Halb bewußt und unwillkürlich erwirbt der Mensch seine ersten Naturerkenntnisse, indem er instinktiv die Tatsachen in Gedanken nachbildet und vorbildet, indem er die trägere Erfahrung durch den schnelleren beweglichen Gedanken ergänzt, zunächst nur zu seinem materiellen Vorteile. Er konstruiert wie das Tier zum Geräusch im Gestrüpp den Feind, den er fürchtet, zur Schale den Kern der

Frucht, welchen er sucht, nicht anders als wir zur Spektrallinie den Stoff, zur Reibung des Glases den elektrischen Funken in Gedanken vorbilden. Diese ersten psychischen Funktionen wurzeln in der Oekonomie des Organismus nicht minder fest als Bewegung und Verdauung. Diese ersten Erkenntnisakte bilden auch heute noch die stärkste Grundlage alles wissenschaftlichen Denkens." Vgl. auch: E. u. J. 2, 58, 182 f, 229, 257; W. L. 120, 365, 386; A. d. E. 41, 246.

10 „Die Erkenntnis ist eine Aeußerung der organischen Natur und der allgemeine Zug der Entwicklung und Umbildung muß auch an den Gedanken hervortreten." P. V. 247, auch W. L. 382.

11 So wachsen dem im Wasser lebenden Säuger keine neuen Extremitäten, sondern seine alten bilden sich um. P. V. 256; W. L. 388.

12 E. u. J. 126, 134/135. Dieser ökonomischen Rolle der begrifflichen Klassifikation läßt sich die mit ihr zusammenhängende Entstehung von Sprache und Schrift und deren Arbeit sparendes Funktionieren anreihen. „So wie der deutlich unterscheidbare Lockruf, Warnungsruf, Angriffsruf der Herdentiere ein unwillkürlich entstandenes Zeichen für eine übereinstimmende gemeinsame Beobachtung oder Tätigkeit trotz der Mannigfaltigkeit des Anlasses ist, sind auch die Worte nur Zeichen für allgemein bekannte, gemeinsam beobachtbare und beobachtete Tatsachen." IV 265/266. Vgl. P. V. 220/221, 226; W. L. 119, 396, 412, 414; M. 522.

13 E. u. J. 110, 134, 162, 298; A. d. E. 41, 248; P. V. 74/75, 245; M. 139, 531; W. L. 380, 381.

14 W. L. 394.

15 E. u. J. 162.

16 E. u. J. 162.

17 E. u. J. 3.

18 P. V. 253/254.

19 P. V. 276 f.

Vgl. zu [18] und [19] E. u. J. 162—179.

20 P. V. 223/224, vgl. E. u. J. 190, 162—179, speziell 171—174, 263 f, 99, 230, 282—298, spez. 284, 257; A. d. E. 249, 255; M. 27, 139, 196; W. L. 151, 385 ff, 402; P. V. 226, 253/254.

21 Vgl. E. u. J. 243 f, 313; P. V. 256. Vgl. auch E. u. J. 109; P. V. 256; W. L. 387.

22 P. V. 224; M. 526 f.

23 P. V. 257 f; E. u. J. 180, 185 f., 188; W. L. 388.

24 P. V. 258.

25 Durch eine Vergleichung wird natürlich auch die vorhin erwähnte Hypothesenbildung eingeleitet und getragen. Aber nicht nur dies: schon dem elementaren Urteile und seiner Mitteilung liegt ein Vergleichungsvorgang zugrunde (W. L. 396, 397; A. d. E. 248/249; P. V. 266; E. u. J. 240; M. 5, 6) und andererseits terminieren gerade wieder die höchstentwickelten Stadien der Wissenschaft in Gebilden, deren Nerv die Vergleichung ist, nämlich in mächtig ausgespannten Analogien (E. u. J. 217—229). So ist es die Vergleichung, welche .. „das mächtigste innere Lebenselement der Wissenschaft darstellt“, und man könnte im Hinblick darauf geradezu von „vergleichender Physik“ sprechen. (P. V. 266, vgl. W. L. 396—406).

26 „In der Tat lassen sich die mannigfaltigen von J. St. Mill aufgezählten Methoden der Naturforschung .. als Formen ... der Methode der Veränderung erkennen“, heißt es P. V. 257.

27 P. V. 222; M. 68, 131, 147; E. u. J. 201/202.

28 E. u. J. 441.

29 M. 315, 382, 507, 520, 530.

30 P. V. 226, 279; E. u. J. 112, 127; W. L. 417/418; M. 192.

31 P. V. 232/233.

32 P. V. 226.

33 M. 549.

34 „Die wichtigsten Fortschritte haben sich stets ergeben, wenn es gelang, instinktiv längst Erkanntes in mitteilbare Form zu bringen“. P. V. 220. Vgl. P. V. 218/219; M. 180, 210.

35 Vgl. zu diesem Hervorgehen der Theorien aus einander das Bsp. P. V. 276 f.

36 Vgl. M. 272/273, 28.

37 Ueber den Einfluß des Zufalls vgl. W. L. 440—444. Speziell über die Bedeutung des zufälligen Umstandes, daß die Coulombsche Drehwage vor dem Thermometer von Ries konstruiert wurde. Vgl. P. V. 198 f.; W. L. 322 f; E. d. A.

38 E. u. J. Vorwort.

39 Nur einige Beispiele: Was Erkenntnis ist, bedarf einer unserer Willkür unterliegenden Festsetzung a. a. O. 5. Es gibt keine absolute, unbedingte

Erkenntnis, sondern nur eine relative a. a. O. 6. Es ist „durch die Logik" klar, daß keine Behauptung unbedingte Gültigkeit haben kann a. a. O. 7. Subjektive Ueberzeugung nicht objektive Gewißheit ist das einzig erreichbare Ziel aller Wissenschaft a. a. O. 9 usw., usw.

40 Man vergleiche etwa A. d. E. 30: „Kein Standpunkt hat eine absolute bleibende Geltung. Jeder ist nur wichtig für einen bestimmten Zweck". Oder E. u. J. 114: „Nur der Erfolg entscheidet zwischen Erkenntnis und Irrtum". Man vgl. auch A. d. E. 257/258 und P. V. 235. Im übrigen finden sich namentlich dort, wo es den Ersatz der Dingvorstellung durch die Elemententheorie gilt, stark skeptische Stellen. Solche werden wir aber erst an dem ihnen im systematischen Zusammenhange zukommenden Orte erörtern, woselbst wir ihren Sinn viel genauer werden präzisieren können als hier.

41 Betrachtet man, was eigentlich aus der Seite 21—23 angeführten Ueberlegung folgt, so ist es in Wirklichkeit nicht mehr als daß die – durch ökonomische und biologische Notwendigkeit geleitete – tatsächliche Entwicklung je nach Umständen zu verschiedenen Zielen führt. Vergegenwärtigt man sich dies, so folgt schon daraus, daß die angeknüpfte skeptische Wendung unmotiviert ist. Denn die tatsächliche Entwicklung kann gewiß verschieden ausfallen; daran besteht gar kein Zweifel; da nun aber der Begriff einer zu richtigen Resultaten führenden Entwicklung ein davon gänzlich verschiedener ist, so besagt gegen ihn die ganze Ueberlegung garnichts. Erst die Behauptung, daß auch solche Resultate, die sonst als einander widerstreitende gelten, dennoch gleichberechtigt sind, würde eine Einschränkung bedeuten und, wenn dies bloß durch die Berufung auf die je nach den Umständen verschiedene tatsächliche Entwicklung gestützt würde, die Voraussetzung einschließen, daß man bei Beurteilung der Wissenschaft nicht mehr tun könne als das tatsächlich Gewordene zu verstehen zu trachten und über andere Kriterien nicht verfüge. Dieser Nachweis ist es aber, den wir hier vermissen.

42 E. u. J. 162.

43 A. d. E. 285.

44 So bieten gerade die von Mach bekämpften Bilderhypothesen der mechanischen Physik Beispiele von der Kontinuität entsprechender Gedankenübertragung, vgl. P. V. 187, 203; M. 562; W. L. 316, f. (an einer Stelle M. 532 wird dem allerdings auch widersprochen, indem die Atomistik als ein Verstoß gegen die Forderung der Kontinuität bezeichnet wird, doch zeigt dies nur die innere Unsicherheit dieses Prinzips). Und auch sonst erweist sich manchmal die Permanenz gewohnter Vorstellungen dem wissenschaftlichen Fortschritt hinderlich; vgl. P. V. 167, 257, 269, 271; W. L. 21, 36/37.

45 Vgl. W. L. 452/453; E. u. J. 446, 449/450.

46 A. d. E. 48.

47 W. L. 393/394.

48 W. L. 394; M. 530.

49 E. u. J. 176.

50 E. u. J. 174; vgl. W. L. 391.

51 E. u. J. 174; vgl. W. L. 391.

52 E. u. J. 174; vgl. W. L. 391.

53 E. u. J. 282.

54 Vgl. E. u. J. 446, wo ausdrücklich vorerst Eindeutigkeit und dann erst ökonomische Ordnung gefordert wird.

55 M. 537. Vgl. auch E. u. J. 282: „So allgemein und wenig bestimmt diese Charakteristik (ergänze durch Oekonomie usw.) der Forschung auch erscheinen mag, dürfte sie mehr zum Verständnis der Tätigkeit des Forschers beitragen, als speziellere, dafür aber einseitigere Beschreibungen dieser Tätigkeit".

56 E. u. J. 141. Vgl. M. 537.

57 Das Wort „Erscheinung" soll hier und bis auf weiteres noch keineswegs wie in seiner prägnanten Bedeutung für „Sinnesinhalt" gebraucht werden, sondern steht hier nur in dem Sinne, in dem man zwischen physikalischen und chemischen oder elektrischen und magnetischen Erscheinungen unterscheidet, meint also die der wissenschaftlichen Bearbeitung zugrundegelegten Beobachtungsergebnisse.

58 E. u. J. 235.

59 F. Rosenberger, Die Geschichte der Physik in Grundzügen, Braunschweig 1882, II. 236/237. Vgl. M. Kap. II. 3; E. u. J. 233.

60 Rosenberger a. a. O. II. 201; E. u. J. 235.

61 Für letzteres spricht beispielsweise das schärfere Wort: hypotheses pro nihilo sunt habendae (vgl. E. u. J. a. a. O.), für ersteres seine Gedanken im Briefwechsel mit Bentley (vgl. E. u. J. 234; M. 200), der Umstand, daß schon seine direkten Schüler die actio in distans zu einer Eigenschaft der Materie stempelten (vgl. Rosenberger a. a. O. II, 237), die „erschütternde Beschränktheit", mit der er die Undulationstheorie bekämpfte (vgl. P. V. 255), was doch auch schließen läßt, daß ihm die Emissionstheorie mehr als eine bloße Anschauungshilfe war u. dgl. mehr.

62 Vgl. P. V. 185.

63 Uebrigens war dem auch schon vor Huygens und Newton so. Die Vorstellung magnetischer Fluida kam durch Gilbert (1540—1603) auf und selbst Galilei bediente sich in gewissen Fällen Aristotelischer und atomistischer Vorstellungen. (Vgl. Rosenberger a. a. O. II, 32 und E. Goldbeck, Galileis Atomistik, Bibl. mathem. 3. Folge Bd. III, Heft 1).

64 Man vgl. etwa: E. u. J. 104, wo sich Mach über den „Hexensabbat" von Atomen, Ionen, Elektronen, Wirbeln, Stoffen usw. lustig macht, A. d. E. 242, wo es als ein Gewinn bezeichnet wird, daß sich der Forscher von den herkömmlichen intelektuellen Mitteln der Physik nicht mehr imponieren läßt, A. d. E. 261, wo aus der Erkenntnis der psychologischen Genesis solcher Vorstellungen auf deren nur relativen Wert geschlossen wird, W. L. 317, wo sie als sehr künstlich bezeichnet werden, u. a. m.

65 Hauptsächlich bezieht sich dies auf die Theorie, daß die Wärme in ihrem Wesen Bewegung sei, statt, wie man früher annahm, ein Stoff. Mach weist nach, daß die Gründe, auf die sich diese Entscheidung stützt, nicht hinreichend sind. Ihre scheinbare Berechtigung beruht nur auf dem zufälligen Umstande, daß bei Festsetzung des Mengenmaßes der Wärme gerade das gewählt wurde, was später als Arbeitswert wichtig wurde; dadurch verschwindet nun freilich Wärmemenge bei gewissen (arbeitsleistenden) Prozessen, man darf daraus aber nicht, wie es geschieht, schließen, daß die Wärme kein Stoff sein könne, weil ihre Menge nicht konstant bleibt, da ja die Existenz dieser Erscheinung von der Wahl des Mengenmaßes abhängt und diese eine lediglich historisch bedingte ist. Mach erläutert dies noch durch Hinweis auf ähnliche Verhältnisse in der Elektrizitätslehre, wo man ebenso gut zu zwei entgegengesetzten Resultaten über die Natur des Agens gelangen kann, und schließlich zeigt er, wie man auch auf Grund der heute gegebenen Situation selbst in der Wärmelehre noch zu einer stofflichen Auffassung zurückkehren könnte. Aber freilich scheint ihm dies nicht zwingender als es schon J. Black einstens in folgenden Worten ausdrückte: „Eine geschickte Anwendung gewisser Bedingungen wird fast jede Hypothese mit den Erscheinungen übereinstimmend machen: Dies ist der Einbildungskraft angenehm, aber vergrößert unsere Kenntnisse nicht". – Vgl. E. d. A.; P. V. 196—201; W. L. 321—324, 179 f.

66 In der Fortsetzung des S. 39 Anm. 2 wiedergegebenen Gedankenganges heißt es: „Es ist vollständig gleichgültig und hat nicht den geringsten wissenschaftlichen Wert, ob wir uns die Wärme als einen Stoff denken oder nicht. Allein nehmen wir einen Augenblick an, alle physikalischen Vorgänge ließen sich auf Molekularbewegungen zurückführen. Was tun wir damit? Wir nehmen damit an, daß Dinge, die nie gesehen, nie getastet werden können, die überhaupt nur in unserer Phantasie

und unserem Verstande existieren, daß diese nur mit den Eigenschaften und Beziehungen des Tastbaren behaftet sein können. Wir legen dem Gedachten die Beschränkungen des Gesehenen und Getasteten auf. Warum stellen wir uns aber die Molekularvorgänge nicht musikalisch vor? Wirklich könnte es sogar Vorteile bieten, die chemischen Vorgänge in einem mehr als dreidimensionalen Raum zu denken. Die Resultate lassen sich also auch ohne mechanische Theorie festhalten, letztere ist also nicht notwendig, häufig sogar hindernd". Vgl. P. V. 189: „Wissen wir denn im Grunde genommen mehr davon, warum ein Körper einen Ort verläßt und an einem anderen auftaucht, als wieso ein kalter Körper warm wird?" und das W. L. 215/216 bei der Besprechung der Leistungen Carnots Gesagte.

67 P. V. 268; vgl. E. u. J. 231 f.

68 P. V. 268; vgl. E. u. J. 231 f.

69 P. V. 269.

70 P. V. 267 ff. Neben diesem heuristischen Werte hat die Hypothese, wie oben erwähnt, auch den Vorzug der Einheitlichkeit in der Darstellung. „Darin, daß diese Vorstellung alle nach und nach durch mühsame Beobachtung gefundenen Tatsachen anschaulich und wie von selbst reproduziert, liegt ihr Vorteil und ihr wissenschaftlicher Wert", heißt es P. V. 141. Vgl. zu beiden Funktionen auch: P. V. 138; E. u. J. 223 ff, 229—247; W. L. 123, 318. Speziell mechanische Bilderhypothesen bieten den Vorteil, daß sie sehr geläufige und theoretisch bereits gut durchgearbeitete Vorstellungen heranziehen. P. V. 187, 203; M. 552; W. L. 316 f.

71 E. u. J. 241 f.

72 P. V. 269; P. V. 257.

73 P. V. 269; P. V. 257.

74 So kann Huygens, in der Analogie mit dem Schall befangen, die Polarisation nicht verstehen (P. V. 269) – die Nachfolger Blacks werden durch die Wärmestoffvorstellung an einer fruchtbaren Würdigung der Tatsache gehindert, daß Wärme durch Reibung erzeugt wird (P. V. 167, 271) – Dalton belastet seine Arbeiten mit fragwürdigen hypothetischen Vorstellungen (W. L. 21, 36/37) u. a. m.

75 E. u. J. 223 f.

76 P. V. 275, 267; E. u. J. 244/245.

77 P. V. 272, 196/197; W. L. 185/186, 193.

78 P. V. 192.

79 E. u. J. 267.

80 E. u. J. 244.

81 E. u. J. 244/245.

82 P. V. 267; E. u. J. 244/245 „Die Auffassungen, welche sich so ergeben haben, sind keine Hypothesen mehr, sondern Forderungen der Denkbarkeit der Tatsachen, Ergebnisse der analytischen Untersuchung. Wir können an denselben als sicher feststellen, auch wenn wir gar keine Analogie dafür finden..."

83 P. V. 275.

84 P. V. 235/236.

85 Die Uebereinstimmung braucht nicht in wahrnehmbaren Merkmalen zu bestehen, sie kann auch begrifflich sein, in einer Uebereinstimmung begrifflicher Beziehungen bestehen. Mach definiert die Analogie als eine Beziehung von Begriffssystemen, in welcher sowohl die Verschiedenheit je zweier homologer Begriffe als auch die Uebereinstimmung in den logischen Verhältnissen je zweier homologer Begriffspaare zum klaren Bewußtsein kommt. E. u. J. 217, 218; P. V. 277.

86 E. u. J. 246.

87 E. u. J. 227.

88 Vgl. P. V. 277; E. u. J. 226/227.

89 So P. V. 267, 275; E. u. J. 244/245.

90 So P. V. 277; E. u. J. 226/227.

91 E. u. J. 312; A. d. E. 263.

92 Die diesbezüglichen Ausführungen finden sich in den naturwissenschaftlichen Schriften, aus deren Zusammenhang sie nicht ohne Entstellung einzeln herausgelöst werden können. Als Ergänzung der in der Folge gebrachten Verweise vergleiche man daher: Beim Begriff der Energie E. d. A.; W. L. besonders 315—347, doch finden sich wichtige Hinweise auch im übrigen Text; M., besonders Kap. III; P. V. besonders XII. Für die Begriffe Masse, Trägheit, Raum, Zeit, Bewegung M., besonders Kapitel II, für den Begriff der Temperatur und der Wärmemenge W. L., besonders 39—58, 153—195 und 211 bis 347. Für die Grundbegriffe der Elektrostatik P. V. XI und XII.

93 W. L. 315/316; E. d. A.; P. V. 208—214.

94 W. L. 321.

95 P. V. 205, 213; W. L. 340. Vgl. S. 39, Anm. 2.

96 W. L. 343.

97 Vgl. den schon mehrfach erwähnten Nachweis W. L. 321 bis 324, ferner W. L. 335; P. V. 196 ff.

98 W. L. 39 ff.

99 W. L. 46, 48, 63.

100 M. 238. So bedeutet der Begriff: Beschleunigung von 9.81 Met./Sek.^{2} eines freifallenden Körpers, daß seine Geschwindigkeit gegen den Erdmittelpunkt auf 9.81 Met. größer ist, wenn die Erde 1/86.400 ihrer Umdrehung mehr vollführt hat, was selbst wieder nur durch ihre Beziehung zu anderen Himmelskörpern erkannt werden kann.

101 M. 242/243.

102 M. 252 f. nämlich zwischen Bewegungen relativ gegen die Fixsterne und Bewegungen relativ gegen andere Körper bei Ruhe gegen die Fixsterne.

103 M. 243/244.

104 M. 243.

105 M. 237.

106 M. 238.

107 M. 238.

108 M. 243/244.

109 M. 230—270.

110 M. 231.

111 M. 233.

112 M. 232.

113 M. 236.

114 M. 143, 247, ff. Hierzu ist zu bemerken, daß Versuche bestehen, in dem Satz der Trägheit ein a priori deduzierbares Naturgesetz zu sehen. Dem gegenüber verweist Mach M. 143 darauf, daß man mit demselben Schein von Berechtigung auch das Gegenteil des Trägheitsgesetzes folgern könne, so lange man sich etwa nur auf das allgemeine „cessante causa cessat effectus" stützt; es kommt eben nur darauf an, was man als effectus ansieht, Geschwindigkeit oder Beschleunigung. Wir erwähnen dies gleichzeitig wegen der später zu besprechenden Behauptung der Nutzlosigkeit kausaler Betrachtungen in der Physik.

115 M. 268.

116 M. 140.

117 M. 247 d. i. das Verhalten im scheinbar absoluten Raum.

118 M. 250 f.

119 E. u. J. 112.

120 P. V. 232/233. Weitere Ausführungen werden wir erst nach Besprechung von Machs Haltung zu einer Anzahl weiterer wichtiger naturwissenschaftlicher Begriffe bringen.

121 Wobei wir billigerweise diesen Nachweis als gelungen behandeln, weil wir auf seine Kritik nicht eingehen können; es sei jedoch erwähnt, daß die fachliche Diskussion seines Gegenstandes durchaus noch nicht für abgeschlossen gelten kann.

122 Tatsächlich heißt es bei Mach in diesem Sinne: „Wollen wir der Methode treu bleiben, welche die bedeutendsten Naturforscher zu ihren großen Erfolgen geführt hat, so beschränken wir unsere Physik auf den Ausdruck des Tatsächlichen, ohne hinter diesem, wo nichts Faßbares und Prüfbares liegt, Hypothesen aufzubauen. Wir haben dann einfach den wirklichen Zusammenhang der Massenbewegungen, Temperaturänderungen, Aenderungen der Werte der Potentialfunktion, chemischen Aenderungen zu ermitteln, ohne uns unter diesen Elementen anderes zu denken als mittelbar oder unmittelbar durch Beobachtung gegebene physikalische Merkmale oder Charakteristiken". M. 541.

123 Vgl. damit auch S. 40 Anm. 1, wo die Bemühungen der mechanischen Physik dadurch diskreditiert werden, daß die von ihr zugrundegelegten Vorgänge nicht wahrgenommen werden können.

124 Es führt dies freilich auf die Frage, wann etwas als aus der Erfahrung einwandfrei erschlossen gelten darf, die hier noch nicht behandelt werden kann. Hier sei bemerkt, daß Mach in diesem Punkte nicht konsequent ist. So finden sich Stellen, wo sogar der von uns zum Beispiel gewählte Schluß auf das Schwingen tönender Körper nur als praktisch gerechtfertigt nicht als sachlich einwandfrei begründet hingestellt wird (Vgl. M. 531/532). Wir werden aber bei weiterer Betrachtung der aus Machs Schriften folgenden Induktionslehre sehen, daß diese Haltung in Widerspruch zu ihr steht; auch wird sich aus ihr ganz allgemein die Notwendigkeit und Berechtigung ergeben, die unmittelbare Erfahrung zu überschreiten.

125 M. 237, 238, 244.

126 Man vergl. A. d. E. 274: „Wenn wir den Temperaturüberschuß durch den Fallraum bestimmt denken, so ist die Abhängigkeit keine unmittelbare. Die Abhängigkeit ist aber ebenfalls keine unmittelbare, wenn wir den

Temperaturüberschuß durch den Drehungswinkel der Erde bestimmt setzen. Denn niemand wird glauben, daß noch dieselben Temperaturwerte auf dieselben Winkelwerte entfallen würden, wenn die Erde etwa durch einen Stoß ihre Rotationsgeschwindigkeit ändern würde". Gerade aus solchen Betrachtungen scheint mir aber doch zu folgen, daß unsere Aufstellungen bloß provisorische sind, welche auf teilweiser Unkenntnis gewisser maßgebender, uns unzugänglicher unabhängiger Variablen beruhen. – Merkwürdigerweise folgere nicht nur ich dies, sondern a. a. O. auch Mach; bei ihm ist aber diese Einsicht nicht mit der Behauptung vereinbar, daß dann trotzdem jeder Versuch, diese „provisorische", unvollständige Erfahrung zu überschreiten, sinnlos sei. Vgl. auch M. 261.

127 Ueber die Erhaltung der Kraft 1847.

128 Vgl. E. u. J. 272.

129 M. 524, vgl. P. V. 228.

130 E. u. J. 272.

131 A. d. E. 75.

132 E. u. J. 273.

133 A. d. E. 74; E. u. J. 273.

134 E. u. J. 273/274.

135 E. u. J. 273/274.

136 A. d. E. 74. Man denke an die früher wiedergegebene Definition der Masse.

137 A. d. E. 75.

138 M. 524.

139 E. u. J. 274/275. Vgl. A. d. E. 74.

140 Von dem hier schon mitsprechenden Phänomenalismus ist vorläufig noch abzusehen. Man substituiere: sobald es gelingt, die elementaren Bestimmungsstücke der Ereignisse begrifflich durch meßbare Größen zu charakterisieren. In der Tat werden wir sehen, daß bei Machs Behauptung eines funktionalen Zusammenhanges zwischen Elementen nur diese Bedeutung möglich, wenn auch nicht stets von ihm gemeint ist.

141 „Darin liegt für mich der Vorzug des Funktionsbegriffs vor dem Ursachenbegriff, daß ersterer zur Schärfe drängt und daß demselben die Unvollständigkeit, Unbestimmtheit und Einseitigkeit des letzteren nicht anhaftet. Der Begriff Ursache ist in der Tat ein primitiver vorläufiger

Notbehelf", heißt es A. d. E. 75. Vgl. P. V. 281; W. L. 435/436; E. u. J. 273, 277.

142 Ein Beispiel hierzu E. u. J. 133.

143 E. u. J. 273. Vgl. zu den Vorzügen des Funktionsbegriffs und zu seiner Stellung als tatsächliches Resultat der wissenschaftlichen Entwicklung noch: A. d. E. 74—78, 80, 262—264; E. d. A. 35 f; M. 282 f.

144 P. V. 281; W. L. 435/436; A. d. E. 74.

145 A. d. E. 262—264.

146 Vgl. E. u. J. 273/274; A. d. E. 262/264; M. 282 f.

147 M. 521.

148 E. u. J. 3.

149 P. V. 232/233.

150 A. d. E. 245.

151 Natürlich soll hierdurch nur Machs Standpunkt verständlich gemacht werden, eine persönliche Stellungnahme liegt in diesen Ausführungen nicht.

152 W. L. 436/437, vgl. W. L. 379.

153 M. 232.

154 M. 139 f.

155 M. 270 f.

156 A. d. E. 259. Vgl. M. 84; E. u. J. 104; W. L. 400.

157 A. d. E. 256.

158 A. d. E. 258.

159 E. u. J. 133 f.

160 E. u. J. 134.

161 E. u. J. 277.

162 „Der Physiker, welcher einen Körper sich biegen, ausdehnen, schmelzen und verdampfen sieht, zerlegt ihn in kleinere bleibende Teile, der Chemiker spaltet ihn in Elemente. Allein auch ein solches Element, wie das Natrium, ist nicht unveränderlich. Aus der weichen, silberglänzenden Masse wird bei Erwärmung eine flüssige, die bei größerer Hitze unter Luftabschluß in einen vor der Natriumlampe violetten Dampf sich verwandelt und bei weiterer Erwärmung selbst mit gelbem Lichte glüht. Der Dampf kann sich kondensieren, und das weiße Metall ist wieder da. Ja, sogar nachdem das

Metall, auf Wasser gelegt, in Natriumhydroxid übergegangen, können bei geeigneter Behandlung die gänzlich verschwundenen Eigenschaften wieder zum Vorschein kommen, wie ein Körper, der bei der Bewegung eine Zeitlang hinter einer Säule verborgen war, wieder sichtbar werden kann. Es ist nun ohne Zweifel sehr zweckmäßig, den Namen und Gedanken für eine Gruppe von Eigenschaften, wo dieselben hervortreten können, stets bereit zu halten. Mehr als ein ökonomisch abkürzendes Symbol für alle jene Erscheinungen ist aber dieser Name und Gedanke nicht." P. V. 231.

163 M. 523.

164 P. V. 229.

165 P. V. 232.

166 Um das Bild zu vervollständigen, seien hier noch einige an verschiedene Begriffe anknüpfende Ausführungen wiedergegeben: daß der Begriff „Beschleunigung eines freifallenden Körpers von 9:81 Met./Sek.^{2}" bedeutet, daß die Geschwindigkeit des Körpers gegen den Erdmittelpunkt um 9:81 Met. größer ist, wenn die Erde 1/86400 ihrer Umdrehung mehr vollführt hat (P. V. 232—233), haben wir bereits gehört. Von dem gleichfalls schon erwähnten Begriffe Natrium ist zu sagen, daß er nur dann auf einen Körper mit Bestimmtheit angewendet werden kann, wenn dieser wachsweich, schneidbar, auf der Schnittfläche silberglänzend, bald anlaufend, auf Wasser schwimmend und das letztere rasch zersetzend, vom spezifischen Gewichte 0: 972, entzündet mit gelber Flamme brennend, vom Atomgewicht 23 usw. gefunden wird. Ebenso wird unter den Begriff „Walfisch" ein Tier subsumiert, das äußerlich die Fischform zeigt, eingehend anatomisch untersucht aber doppelten Kreislauf, Lungenatmung und alle übrigen Klassencharaktere der Säuger aufweist. Ebenso subsumiert der Physiker unter dem Begriff elektromagnetische Stromstärke Eins den galvanischen Strom, welcher bei der magnetischen Horizontalkompente H=O:2 durch einen im magnetischen Meridian aufgestellten kreisförmigen Draht vom Radius 31:41 cm geleitet, die im Mittelpunkt desselben aufgehängte Magnetnadel um 45° aus dem Meridian ablenkt. Dies setzt noch eine Reihe von Operationen zur Bestimmung von H als ausgeführt voraus. (W. L. 417/418). Und weil auch Sauerstoff ein Begriff ist, der nicht durch eine anschauliche Vorstellung, sondern nur durch eine Definition, die eine Summe von Erfahrungen konzentriert, enthält, erschöpft wird und dasselbe von allen anderen physikalischen Begriffen gilt (E. u. J. 112), so läßt sich sagen, daß der Begriff nichts als eine Anweisung ist, eine Vorstellung von bestimmten Eigenschaften herzustellen (W. L. 419). In seine Definition werden die Reaktionen aufgenommen, welche zur Bestimmung des Begriffes hinreichen; andere Reaktionen, von denen es schon bekannt ist, daß sie an die in der Definition enthaltenen unabänderlich gebunden sind, braucht man

nicht besonders anzuführen (E. u. J. 127). Charakteristisch für den Begriff ist dann das Ergebnis der durch die Definition vorgezeichneten prüfenden oder konstruktiven, manuellen oder intellektuellen Reaktionen; so ist es elektrisch ein Körper, der auf bestimmte Reaktionen bestimmte sinnliche Merkmale zeigt, Kupfer ein Körper, dessen blaugrüne Lösung in verdünnter Schwefelsäure bei bestimmter Behandlung ein bestimmtes Verhalten zeigt, usw. (W. L. 419—421.) Nur allmählig und nacheinander können aber diese Reaktionen und die oft komplizierten Tätigkeiten, durch welche sie hervorgerufen werden, hervortreten. „Ob ein mechanisches System einen Gleichgewichts- oder Bewegungsfall vorstellt, kann nur durch eine komplizierte Tätigkeit entschieden werden. Wer aber das Bewußtsein hat, daß er die genannte Prüfung jederzeit korrekt ausführen kann, der weiß, daß der Gleichgewichtsfall mit der Summe Null (der virtuellen Arbeit), der dynamische Fall mit einer positiven Summe auf diese Prüfung reagiert, der besitzt den Begriff Arbeit und kann durch denselben den statischen vom dynamischen Fall unterscheiden. So läßt sich jeder physikalische oder chemische Begriff darlegen. Das Objekt entspricht dem Begriff, wenn es auf Ausführung einer Prüfung die erwartete Reaktion gibt. Die Prüfung kann je nach den Umständen im bloßen Beschauen oder in einer verwickelten physischen oder technischen Operation, die hierauf erfolgende Reaktion in einer einfachen Sinnesempfindung oder in einem komplizierten Vorgang bestehen." (E. u. J. 131/132.)

167 E. u. J. 445.

168 Wie dies in der Hertzschen Mechanik geschieht.

169 M. 282 f.

170 E. d. A. 35; M. 547.

171 M. 237.

172 A. d. E. 267 f.

173 A. d. E. 273. Vgl. P. V. 233; E. u. J. 426 f; E. d. A. 57.

174 M. 547 f.

175 E. d. A. 57.

176 M. 238.

177 M. 244.

178 M. 247. Vgl. M. 249.

179 A. d. E. 258.

180 z. B. E. u. J. 282.

181 M. 548.

182 A. d. E. 275.

183 Vgl. auch P. V. 234.

184 Vgl. E. u. J. 435; M. 524.

185 A. d. E. Vorwort.

186 W. L. 432 ff.

187 W. L. 457.

188 A. d. E. 72.

189 W. L. 437.

190 Man vgl. „Was wir Ursache und Wirkung nennen, sind hervorstechende Merkmale einer Erfahrung, die für unsere Gedankennachbildung wichtig sind. Ihre Bedeutung blaßt ab und geht auf andere neue Merkmale über, sobald eine Erfahrung geläufig wird. Tritt uns die Verbindung solcher Merkmale mit dem Eindruck der Notwendigkeit entgegen, so liegt dies nur daran, daß uns die Einschaltung längst gekannter Zwischenglieder, die also eine höhere Autorität für uns haben, oft gelungen ist". (P. V. 227/228.)

„Ist uns eine Tatsache geläufig geworden, so bedürfen wir dieser Heraushebung der zusammenhängenden Merkmale nicht mehr, wir machen uns nicht mehr auf das Neue, Auffallende aufmerksam, wir sprechen nicht mehr von Ursache und Wirkung. Die Wärme ist die Ursache der Spannkraft des Dampfes. Ist uns das Verhältnis geläufig geworden, so stellen wir uns den Dampf gleich mit der zu seiner Temperatur gehörigen Spannkraft vor. Die Säure ist die Ursache der Rötung der Lackmustinktur. Später aber gehört diese Rötung unter die Eigenschaften der Säure". (M 524.)

191 E. d. A. 31/32.

192 M. 367.

193 P. V. 223. Aehnlich M. 6: „In der Mannigfaltigkeit der Naturvorgänge erscheint manches gewöhnlich, anderes ungewöhnlich, verwirrend, überraschend, ja sogar dem Gewöhnlichen widersprechend. Hat man es dahin gebracht, überall dieselben wenigen einfachen Elemente zu bemerken, die sich in gewohnter Weise zusammenfügen, so treten uns diese als etwas Bekanntes entgegen, wir sind nicht mehr überrascht, es ist uns nichts mehr an den Erscheinungen fremd und neu, wir fühlen uns in denselben zu Hause, sie sind für uns nicht mehr verwirrend, sondern erklärt."

194 M. 16.

195 P. V. 239/240.

196 M. 16.

197 M. 12.

198 M. 77.

199 M. 75.

200 E. u. J. 312.

201 A. d. E. 263. Vgl. W. L. 435.

202 M. 80—82.

203 „Ein naturwissenschaftlicher Satz“, heißt es an anderer Stelle, „ist wie jeder geometrische stets von der Form, ‚wenn M ist, so ist N‘; wobei sowohl M wie N ein mehr oder minder komplizierter Komplex von Erscheinungsmerkmalen sein kann, wovon also einer den anderen bestimmt. Ein solcher Satz kann sich sowohl unmittelbar durch Beobachtungen, als auch mittelbar durch Vergleichung schon bekannter Beobachtungen ergeben. Der Satz „wenn M ist, ist N“ kann aus Sätzen, welche bereits bekannten Tatsachen entsprechen, durch eine Reihe von Zwischensätzen abgeleitet oder erklärt werden. So erklärt Galilei das Schweben sehr schweren Staubes im Wasser und in der Luft aus dem langsamen Fallen wegen des großen Widerstandes infolge der feinen Verteilung. Huygens leitet die Pendelbewegung vollständig aus Galileis mechanischen Grundsätzen ab“ usw. (E. u. J. 262). Ein anderes Beispiel: „Arago findet, daß eine rotierende Kupferscheibe (A) eine Magnetnadel mitbewegt (B). Durch Faradays spätere Entdeckung, nach welcher in relativ gegen den Magnet bewegten Leiterteilen Ströme entstehen, welche (nach Oerstedt) auf ersteren Kräfte ausüben, die (nach Lenz) der erzeugenden Bewegung entgegenwirken, werden zwischen A und B neue Elemente (C) eingeschaltet. Der Zusammenhang von A und B wird durch C, welches übrigens Aufstellungen derselben Art enthält, erklärt. Wäre C vorher nicht nur teilweise, sondern ganz bekannt gewesen, so hätte die Deduktion zur Entdeckung des Zusammenhangs von A und B geführt.“ (W. L. 450.) Woraus nebstbei auch geschlossen wird, daß sich der „Entdeckungsvorgang“ durch Deduktion nicht wesentlich von dem durch Induktion unterscheide. (W. L. 449.)

204 W. L. 437. An anderen Stellen wieder wird besonders hervorgehoben, daß eine Erklärung dann als gelungen anzusehen sei, ein Problem dann nicht mehr existiere, wenn man die richtigen Seiten der Tatsachen beachte, die eine einfache, einheitliche Auffassung ermöglichen. So heißt es: „Die Bewegung einzelner schwerer Körper ist uns bald geläufig. Wenn aber ein leichterer Körper durch einen schwereren etwa an einer Rolle in die Höhe gezogen wird, so lernen wir auch die Beziehung mehrerer Körper und deren Gewicht

achten. Kommen etwa Erfahrungen am ungleicharmigen Hebel oder anderen Maschinen hinzu, so treiben uns diese nicht nur auf die Gewichte, sondern auch auf die gleichzeitigen Verschiebungsgrößen im Sinne der Schwere, bezw. auf das Produkt der Maßzahlen beider, d. i. auf die Arbeit zu achten. Geworfene schwere Körper können bald sinken, bald steigen. Die ältere, aristotelische Physik betrachtet diese Fälle als verschieden. Galilei achtet auf die Beschleunigung der Bewegung, wodurch alle diese Fälle gleichartig und gleich leicht verständlich werden." (E. u. J. 264/265.) Oder: „Wir sehen z. B. einmal ganz gegen unsere Gewohnheit, daß an einem Hebel oder Wellrad eine große Last durch eine kleine gehoben wird. Wir suchen nach dem differenzierenden Moment, welches uns die sinnliche Tatsache nicht unmittelbar zu bieten vermag. Erst wenn wir, verschiedene ähnliche Tatsachen vergleichend, den Einfluß der Gewichte und der Hebelarme bemerkt, und uns selbsttätig zu den abstrakten Begriffen Moment oder Arbeit erhoben haben, ist das Problem gelöst. Das Moment oder die Arbeit ist das differenzierende Element. Ist die Beobachtung des Momentes oder der Arbeit zur Denkgewohnheit geworden, so existiert das Problem nicht mehr". (A. d. E. 249.) Und an anderer Stelle: „Wir sehen einen aufwärts geworfenen Körper. Derselbe steigt auf. Warum sucht er nun seinen Ort nicht? Warum nimmt die Geschwindigkeit seiner ‚gewaltsamen' Bewegung ab, während jene des ‚natürlichen' Falles zunimmt? Indem Galilei beiden Tatsachen aufmerksam folgt, sieht er in beiden Fällen dieselbe Geschwindigkeitszunahme gegen die Erde. Hiermit löst sich das Problem. Also nicht ein Ort sondern eine Beschleunigung gegen die Erde ist den Körpern angewiesen. Die neue Denkgewohnheit festhaltend, sieht Newton auch den Mond und die Planeten ähnlich geworfenen Körpern sich bewegen, aber doch mit Eigenschaften, welche ihn nötigen, diese Denkgewohnheit abermals etwas abzuändern. Die Weltkörper oder vielmehr deren Teile halten keine konstante Beschleunigung gegeneinander ein, sie ziehen sich an im verkehrt quadratischen Verhältnisse der Entfernungen und im direkten der Massen. Diese Vorstellung, welche jene der irdischen schweren Körper als besondern Fall enthält, ist nun schon sehr verschieden von der ursprünglichen. Dieser Umwandlungsprozeß besteht darin, daß einerseits bald neue übereinstimmende Merkmale anscheinend verschiedener Tatsachen gefunden werden und daß andererseits wieder unterscheidende Merkmale bisher nicht unterschiedener Tatsachen bemerkt werden. Hierdurch wird es möglich, einerseits ein stets wachsendes Tatsachengebiet mit einer homogenen Denkgewohnheit zu umfassen, und andererseits den Unterschieden der Tatsachen des Gebietes durch Variationen der Denkgewohnheit zu entsprechen. Die betrachtete Entwicklung ist nur ein besonderer Fall eines allgemein verbreiteten biologischen Prozesses". (W. L. 385 f.).

205 E. d. A. 31.

206 P. V. 282/283.

207 W. L. 121.

208 W. L. 458 f.

209 M. 526.

210 W. L. 454/455. Vgl. A. d. E. 261; M. 533; W. L. 119, 363.

211 Vgl. S. 31/32 dieser Schrift.

212 Zu 2) „Man spricht oft von Naturgesetzen. Was bedeutet dieser Ausdruck? Gewöhnlich wird man der Meinung begegnen, die Naturgesetze seien Regeln, nach welchen die Vorgänge in der Natur sich richten müssen, ähnlich den bürgerlichen Gesetzen. Einen Unterschied pflegt man darin zu sehen, daß die letzteren auch übertreten werden können, während man Abweichungen der Naturvorgänge von ersteren für unmöglich hält. Diese Auffassung wird aber erschüttert durch die Ueberlegung, daß wir ja nur aus den Naturvorgängen selbst die Naturgesetze ablesen, abstrahieren und daß wir hierbei vor Irrtümern durchaus nicht gesichert sind.“ (E. u. J. 441.)

213 M. 280. Vgl. auch E. u. J. 140: „Die logischen Deduktionen aus unseren Begriffen bleiben aufrecht, solange wir diese Begriffe festhalten; die Begriffe selbst müssen aber stets einer Korrektur durch die Tatsachen gewärtig sein.“

214 A. d. E. 73.

215 Vgl. Machs eigene Worte: „Unsere Naturwissenschaft besteht in dem begrifflichen quantitativen Ausdruck der Tatsachen. Die Nachbildungsanweisungen sind die Naturgesetze. In der Ueberzeugung, daß solche Nachbildungsanweisungen überhaupt möglich sind, liegt das Kausalgesetz“. M. 547.

216 M. 547.

217 M. 549.

218 M. 523.

219 M. 79. Vgl.: „In der Regel ist eine besondere Seite oder Eigenschaft der Tatsache von praktischem Interesse. Auf diese Eigenschaft beschränkt sich die Untersuchung. Tatsachen, welche in dieser übereinstimmen, werden als gleich oder gleichartig, welche sich in derselben unterscheiden, als verschieden behandelt. Das praktische Bedürfnis treibt also zur Abstraktion“. (W. L. 452.) „Die maßgebende Rolle der Abstraktion bei der Forschung liegt auf der Hand. Es ist weder möglich, alle Einzelheiten einer Erscheinung zu beachten, noch hätte dies einen gesunden Sinn. Wir beachten eben die Umstände, die für uns ein Interesse haben und diejenigen,

von welchen erstere abhängig zu sein scheinen. Die erste Aufgabe, die sich dem Forscher darbietet, ist es also, durch Vergleichung verschiedener Fälle alles, wovon die Untersuchung unabhängig scheint, als für den vorliegenden Zweck nebensächlich oder gleichgültig auszusondern. In der Tat ergeben sich die wichtigsten Entdeckungen durch diesen Prozeß der Abstraktion." (E. u. J. 135).

220 „In dem ökonomischen Schematisieren der Wissenschaft liegt" also „die Stärke oder auch der Mangel derselben. Die Tatsachen werden immer mit einem Opfer an Vollständigkeit dargestellt, nicht genauer, als dies unseren augenblicklichen Bedürfnissen entspricht." (P. V. 235).

221 E. u. J. 447.

222 E. u. J. 189. Ebenda: „Ein wichtiger Vorgang besteht darin, daß man einen oder mehrere Umstände, welche quantitativ auf ein Ergebnis Einfluß haben, in Gedanken quantitativ vermindert und schließlich zum Verschwinden bringt, so daß die übrigen Umstände als allein maßgebend angesehen werden. Es ist dieser Prozeß physisch oft nicht durchführbar und man kann denselben daher als Idealisierung oder Abstraktion bezeichnen. Indem man sich den Bewegungswiderstand eines auf horizontaler Bahn angestoßenen Körpers oder die Verzögerung eines auf wenig geneigter schiefer Ebene aufsteigenden Körpers bis zum Verschwinden abnehmend denkt, kommt man zu der Vorstellung des ohne Widerstand gleichförmig bewegten Körpers. In Wirklichkeit kann dieser Fall nicht dargestellt werden." Vgl. M. 306: „Der Fall der Ruhe ist nur ein sehr seltener, nie vollkommen eintretender, speziell der Fall der Bewegung: Wenn wir aber mit Gleichgewichtsfällen uns befassen, so handelt es sich um eine schematische Nachbildung der mechanischen Tatsachen in Gedanken. Wir sehen dann von diesen Störungen, Verschiebungen, Verbiegungen und Erzitterungen, welche uns nicht weiter interessieren, absichtlich ab."

W. L. 454/455: „Ein weiteres Mittel (ergänze: der geläufigen Anwendung wissenschaftlicher Aufstellungen) besteht in dem Vereinfachen, Schematisieren der Tatsachen, d. h. in der Darstellung durch Bilder, welche nur die wichtigen Züge enthalten, in welchen alles die Aufmerksamkeit Ablenkende, Ueberflüssige fehlt. So denken wir uns den Planeten als einen Punkt, die Bahn des elektrischen Stromes als eine Linie." Vgl. auch: E. u. J. 137 und 384.

223 M. 133.

224 P. V. 228, vgl. A. d. E. 262.

225 E. u. J. 449.

226 E. u. J. 402, vgl. W. L. 456.

227 M. 33. Der Vergleich mit der Geometrie führt auch sonst zu charakteristischen Aeußerungen. Vgl. E. u. J. 376: „Die physikalisch-metrischen Erfahrungen werden wie alle Erfahrungen, welche die Grundlage einer experimentellen Wissenschaft bilden, begrifflich idealisiert. Das Bedürfnis, die Tatsachen durch einfache, durchsichtige, logisch leicht zu beherrschende Begriffe darzustellen, führt hierzu. Es gibt einen absolut starren, räumlich ganz unveränderlichen Körper, eine vollkommene Gerade, eine absolute Ebene so wenig, als es ein vollkommenes Gas, eine vollkommene Flüssigkeit gibt. Dennoch operieren wir lieber und leichter mit diesen Begriffen als mit anderen, welche genauer den Eigenschaften der Objekte entsprechen und nehmen dafür nachträglich auf Abweichungen Rücksicht. Die theoretische Geometrie braucht diese Abweichungen überhaupt nicht zu beachten, indem sie eben Objekte voraussetzt, welche die Bedingungen der Theorie vollkommen erfüllen, wie die theoretische Physik."

E. u. J. 407: „Die geometrische Theorie ist wie jene der Physik einfacher und genauer, als dies durch die Erfahrung mit ihren zufälligen Störungen eigentlich verbürgt werden kann".

228 E. u. J. 140.

229 Vgl. A. d. E. 260.

230 E. u. J. 447/448. Vgl. E. u. J. 302/303.

231 Vgl. Vorliegende Schrift S. 106.

232 W. L. 461/462.

233 Unter den Gedanken, welche nach Mach sonst noch zur Elemententheorie leiten, wollen wir jedoch zwei anmerken: einerseits sind es Schwierigkeiten im Gefolge der dualistischen Auffassung, auf die er sich stützt, hauptsächlich die Aussichtslosigkeit, Empfindungen aus Atombewegungen der nervösen Substanz zu erklären, andererseits ist es die in der Wissenschaft tatsächlich vorhandene Tendenz der einzelnen Disciplinen zu einheitlichem Zusammenschluß. Man denke an Optik, Elektrizitätslehre und Magnetismus, an die physikalische Chemie, die physiologische Psychologie u. dgl.; es liegt nahe nach Vorstellungen zu suchen, welche diese Gebiete einheitlich umspannen. „Dem Physiker," sagt Mach, „genügt vielleicht noch der Gedanke einer starren Materie ... der Physiologe, bezw. der Psychologe vermag mit solchem Ding gar nichts anzufangen. Wer aber an den Zusammenschluß der Wissenschaften zu einem Ganzen denkt, muß nach einer Vorstellung suchen, die er auf allen Gebieten festhalten kann. Wenn wir nun die ganze materielle Welt in Elemente auflösen, welche zugleich auch Elemente der psychischen Welt sind, die als letztere gewöhnlich Empfindungen heißen, wenn wir ferner die Erforschung der Verbindung, des Zusammenhanges, der gegenseitigen

Abhängigkeit dieser gleichartigen Elemente aller Gebiete als die einzige Aufgabe der Wissenschaft ansehen, so können wir mit Grund erwarten, auf dieser Vorstellung einen einheitlichen monistischen Bau aufzuführen und den leidigen verwirrenden Dualismus loszuwerden. Indem man die Materie als das absolut Beständige und Unveränderliche ansieht, zerstört man ja in der Tat den Zusammenhang zwischen Physik und Psychologie... Wenn es sich aber um die Verbindung von Nachbargebieten von eigenartigem Entwicklungsgang handelt, so kann dieselbe nicht mit Hilfe der beschränkteren Begriffe eines engen Spezialgebietes vollzogen werden. Hier müssen durch allgemeinere Erwägungen für das weitere Gebiet ausreichende Begriffe geschaffen werden. A. d. E. 242/243. Vgl. zu beiden Gedanken u. a. A. d. E. 1. 23—26, 36, 37, 46, 188, 257, 258, 283; E. u. J. 3, 234, 451; P. V. 237, 241, 285; M. 504.

Beide Gruppen von Einwänden, so berücksichtigungswert die Schwierigkeiten auch sind, die in ihnen berührt werden, kommen, besonders im Hinblick auf die zahlreichen, verschiedenen und unabgeschlossenen Lösungsversuche dieses Problems, als beweiskräftig natürlich nicht in Betracht.

234 W. L. 396. Vgl. A. d. E. 245, 246.

235 A. d. E. 255, 268.

236 A. d. E. 267/268. Vgl. P. V. 235: „In Wirklichkeit handelt es sich immer um die Ableitung eines Erscheinungsteils aus einem anderen. Unsere Vorstellungen müssen sich dabei direkt auf Empfindungen stützen. Wir nennen dies messen“.

237 M. 547; P. V. 234.

238 A. d. E. 246.

239 M. 547.

240 W. L. 404. Vgl u. a.: P. V. 220, 235, 236; A. d. E. 253, 255, 263; M. 133, 505, 504; E. u. J. 126, 139, 311.

241 „Ein solches naturwissenschaftliches Begriffswort hat den Zweck, an die Verbindung aller in der Definition bezeichneten Reaktionen des definierten Objekts zu erinnern und diese Erinnerungen wie an einem Faden ins Bewußtsein zu ziehen. Natürlich kann jede Definition wieder Begriffe enthalten, so daß erst die letzten, untersten begrifflichen Bausteine in sinnfällige Reaktionen als deren Merkmale aufgelöst werden können“. E. u. J. 127.

242 A. d. E. 35—37.

243 P. V. 240/241; A. d. E. 23 f.

244 E. u. J. 14.

245 M. 504/505.

246 A. d. E. 1/2.

247 M. 523.

248 P. V. 229.

249 A. d. E. 2.

250 A. d. E. 9/10.

251 A. d. E. 5.

252 A. d. E. 256.

253 A. d. E. 256.

254 P. V. 229.

255 A. d. E. 10.

256 M. 523; Vgl. A. d. E. 23.

257 A. d. E. 23 ff.

258 A. d. E. 258.

259 A. d. E. 1/2.

260 Mach setzt voraus, daß Gefühle und Wille sich aus Spuren von Empfindungen aufbauen (A. d. E. 11, 17, 82; E. u. J. 9.), auch daß Gefühle diffus lokalisierte Empfindungen seien (E. u. J. 18 ff). „Sollte man", meint er aber, „mit einer Art dieser Elemente durchaus nicht das Auskommen finden, so werden eben mehrere statuiert werden" (A. d. E. 17.).

261 A. d. E. 8.

262 z. B. Physikalischer Zusammenhang: eine weiße Kugel fällt auf eine Glocke, es klingt, die Kugel wird gelb vor der Natrium-, rot vor der Lithiumlampe. Psychologischer Zusammenhang: die Kugel wird gelb bei Hinnehmen von Santonin, verdoppelt sich beim Seitwärtsdrücken des Bulbus, verschwindet beim Schließen beider Augen. – Eine Farbe ist also ein physikalisches Objekt, wenn wir auf ihre Abhängigkeit von anderen Farben, Wärmen, Räumen usw. achten, in ihrer Abhängigkeit von der Netzhaut eine Empfindung. Nur die Untersuchungsrichtung hat gewechselt; es hängt nur von der funktionalen Abhängigkeit, in der sie stehen, ab, ob die Elemente physikalische Objekte oder Empfindungen sind. A. d. E. 11/14. Nur die verschiedene Art der Verbindung läßt die α β in einem anderen „Feld" erscheinen als die A B .. „die Elemente A oder α erscheinen in einem

verschiedenen Feld, heißt nun, wenn man auf den Grund geht, nichts anderes, als daß sie mit verschiedenen anderen Elementen verknüpft sind". Daher soll nun der Unterschied zwischen Wahrnehmung und Vorstellung desselben Gegenstandes kommen. A. d. E. 16. Vgl. A. d. E. 26 ff, 35 f, 42—46, 241.

263 Für das Ich gilt dasselbe wie für die Körper. Es ist nicht das Primäre, sondern wird von den Empfindungen gebildet, auf die es dann allerdings auch reagiert. Ich empfinde Grün, heißt nur, daß das Element Grün in einem gewissen Komplex von anderen Elementen (Empfindungen, Erinnerungen) vorkommt. „Wenn ich aufhöre Grün zu empfinden, wenn ich sterbe, so kommen die Elemente nicht mehr in der gewohnten Gesellschaft vor. Damit ist alles gesagt. Nur eine ideelle, denkökonomische, keine reelle Einheit hat aufgehört zu existieren." A. d. E. 19, 21.

264 E. u. J. 9.

265 A. d. E. 29. Es ist zu bemerken, daß diese Erforschung des funktionalen Zusammenhanges nach Mach die einzige mögliche Ergründung der Wirklichkeit ist. A. d. E. 23 ff, 29/30; E. u. J. 10/11.

266 A. d. E. 11—14: Eine starke Analogie nebst einem praktischen Bedürfnis zwingt uns, nach Mach, auch an fremde Menschen und Tierleiber Erinnerungen, Befürchtungen, Willen u. dgl. geknüpft zu denken. Ferner nötigt mich das Verhalten anderer Menschen, anzunehmen, daß mein Leib und die übrigen Körper für sie unmittelbar vorhanden sind, meine Erinnerungen, Wünsche usw. für sie Gegenstand eines unwiderstehlichen Analogieschlusses sind. Wenn wir den Einfluß unseres Leibes auf unsere Empfindungen untersuchen, ergänzen wir eine beobachtete Tatsache durch Analogie, ebenso wenn wir aus der Beobachtung fremder Menschen auf deren Empfindungen schließen. Im ersteren Fall ist die Ergänzung physikalisch (Nervenprozeß) und daher geläufiger, ein prinzipieller Unterschied besteht aber nicht.

E. u. J. 6 wird die Gesamtheit des für alle im Raum unmittelbar Vorhandenen als das Physische, das nur Einem Gegebene von den Anderen nach Analogie Erschlossene als das Psychische bezeichnet.

A. d. E. 26 ff.: Die Elemente A B .. erscheinen unmittelbar räumlich außerhalb der Elemente K L .. Durch Absehen von der Abhängigkeit der A B .. von dem sich immer ähnlich wiederholenden Komplex K L .. erscheint die Welt der Dinge unabhängig vom Ich. Durch Beachten der Eigenschaften von K L .. und seines Zusammenhanges mit α β γ .. bildet sich der Gedanke des Ich. Ferner verhalten sich andere Körper K' L' .., K" L" .. usw. so, daß ihr Verhalten im Gegensatz zu dem von A B .. erst vertraut wird, wenn man den α β γ .. analoge α β γ .. an sie gebunden denkt. Man ergänzt die

Empfindungen der Mitmenschen nach Analogie, es ist aber unnötig und irreführend, den Empfindungen deswegen eine von A B C .. K L M .. verschiedene Natur zuzuschreiben.

A. d. E. 35: Man kann einen nervösen Prozeß rein physikalisch (physiologisch) verfolgen. Man sieht das Verhalten des betreffenden Lebewesens aber viel besser voraus, d. h. versteht es besser, wenn man ihm Empfindungen, Erinnerungen usw. zuschreibt. Man ergänzt dabei das, was man beobachtet, durch etwas, das man nicht im Gebiet der eigenen Empfindungen antrifft. Dieser Gegensatz erscheint nun sehr schroff, ist es aber nicht. Denn erstens ergänzt der Physiker überhaupt häufig Komplexe von Empfindungen durch augenblicklich nicht beobachtete Elemente nach Analogie, z. B. stellt er sich den Mond greifbar, schwer, träg vor. Tut also täglich dasselbe, was hier so befremdend erscheint. Zweitens verschwindet die Schroffheit durch folgende Betrachtung. Das Blatt einer Pflanze: Sein Grün (A) ist verbunden mit einer optischen Raumempfindung (B), einer Tastempfindung (C) und mit der Sichtbarkeit einer Quelle farblosen Lichtes (D). Tritt das Gelb (E) der Natriumflamme anstelle von D, so geht das Grün des Blattes in Braun (F) über. Behandelt man das Blatt mit Alkohol, „eine Operation, die ebenfalls durch sinnliche Elemente darstellbar ist“, so geht das Grün A in Weiß (G) über. Das sind physikalische Beobachtungen. Nun ist A auch mit einem Prozeß meiner Netzhaut verknüpft. Diesen kann ich nun physikalisch in Elemente Y X Z .. auflösen, indem ich die Ergebnisse der Untersuchung am fremden Auge nach Analogie übertrage. Nun ist A in seiner Abhängigkeit von B C D E .. ein physikalisches Element, in seiner Abhängigkeit von Y X Z .. eine Empfindung und kann auch als psychisches Element aufgefaßt werden. „Das Grün (A) an sich wird aber in seiner Natur nicht geändert, ob wir unsere Aufmerksamkeit auf die eine oder auf die andere Form der Abhängigkeit richten“.

267 A. d. E 22.

268 A. d. E. 26 f.

269 A. d. E. 29.

270 A. d. E. 269.

271 A. d. E. 27.

272 E. u. J. 277.

273 E. u. J. 28.

274 M. 6.

275 E. u. J. 450/451.

276 P. V. 250.

277 W. L. 393.

278 E. u. J. 446; E. u. J. 449/450.

279 W. L. 454.

280 E. u. J. 277/278.

281 M. 293.

282 M. 280.